## Zu dieser Mappe

Tägliche kleine, überschaubare Übungseinheiten sind ein wirksames Mittel, mathematische Kompetenzen sukzessive zu vertiefen und nachhaltig zu festigen. In der vorliegenden Mappe finden Sie auf die Jahrgangsstufen 5 bis 7 abgestimmte kurze motivierende Trainingseinheiten. Durch regelmäßiges planmäßiges Üben wird die Verfügbarkeit von mathematischem Wissen optimiert. Entscheidend ist nicht die Dauer der Trainingseinheit, sondern deren Intensität. Die Übungen eignen sich in der Einstiegs- oder Aufwärmphase zu Beginn der Stunde, kurz vor dem Stundenende zum wiederholten Festigen, als Freiarbeitsmaterial oder als Zusatzangebot für schnell arbeitende Schüler. Die lehrwerksunabhängigen Kopiervorlagen ermöglichen eine gezielte Förderung, aktivieren das Wissen und verbessern die mathematischen Kompetenzen Ihrer Schüler. Die wechselnden Aufgabenformen bieten in Verbindung mit den beiliegenden Lösungen auch die Möglichkeit zur Selbst- und Partnerkontrolle. Außerdem unterstützen die Lösungsseiten Sie als Lehrkraft bei der täglichen Unterrichtsvorbereitung.

**Notiere, welcher Bruch hier dargestellt ist.**

1 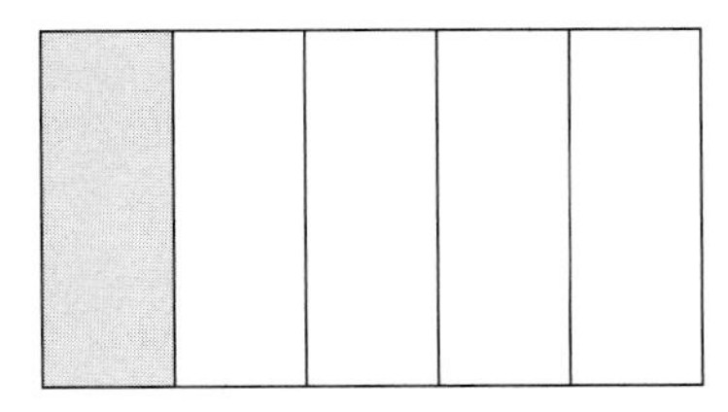

______________________

2 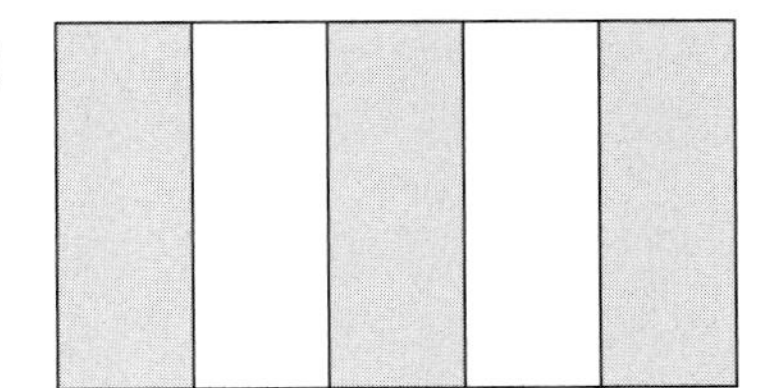

______________________

3 

______________________

4 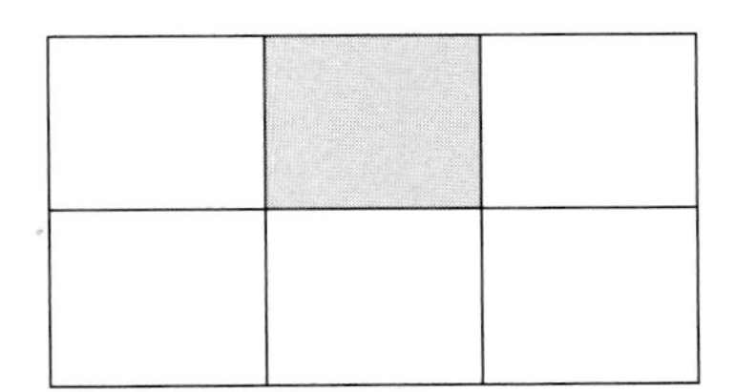

______________________

5 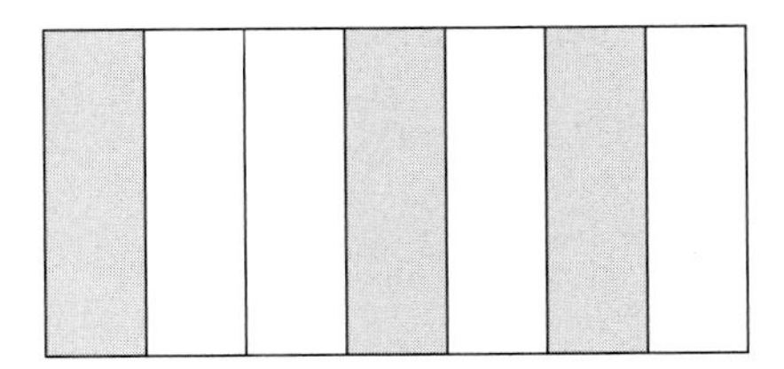

______________________

6 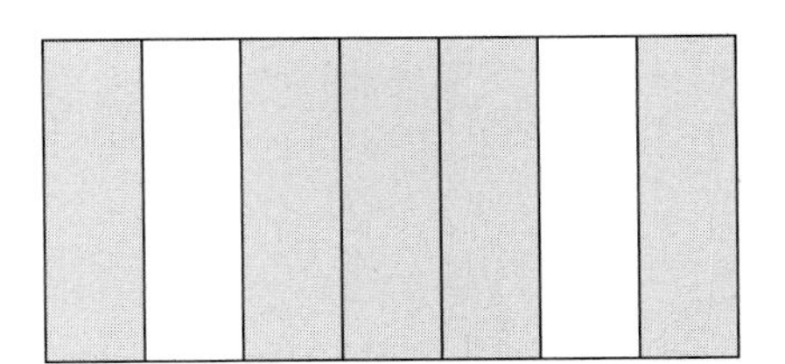

______________________

# Brüche erkennen II

**Welcher Bruch ist hier dargestellt? Notiere.**

① 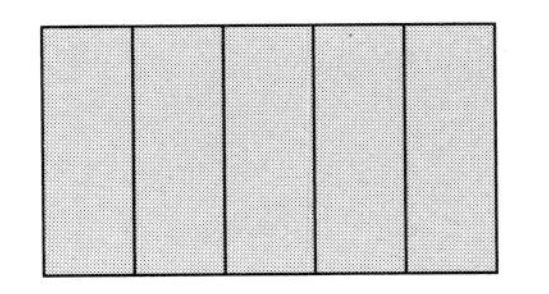 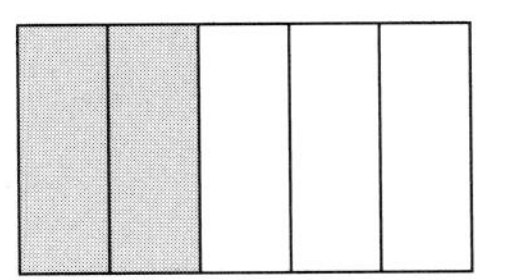 ____________________

②  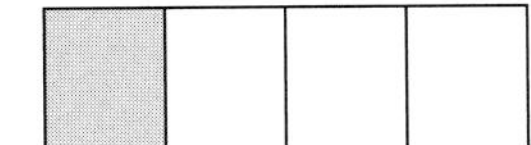 ____________________

③  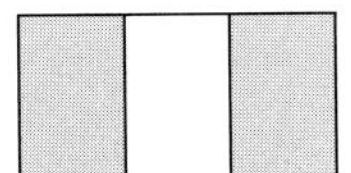 ____________________

④ 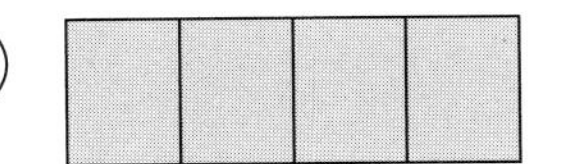  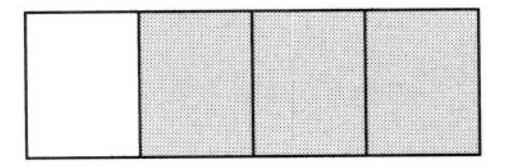 ____________________

⑤  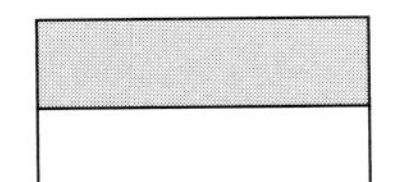 ____________________

⑥ 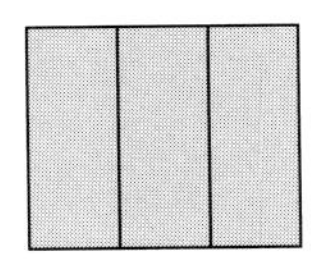 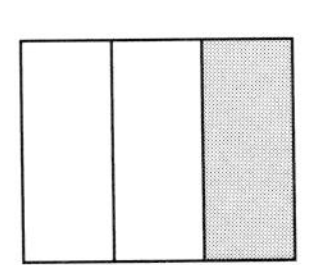 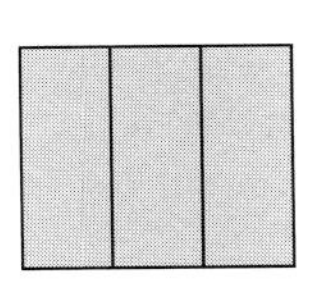 ____________________

# *Brüche einzeichnen I*

**Färbe den angegebenen Bruchteil ein.**

① $\frac{4}{5}$

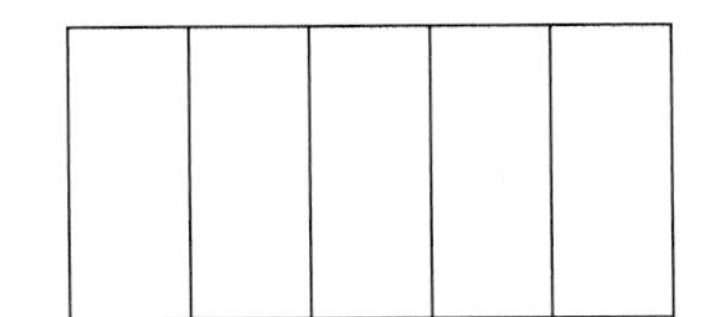

② $\frac{2}{3}$

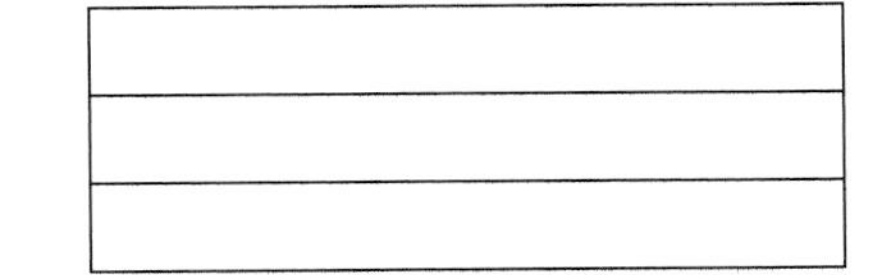

③ $\frac{2}{5}$

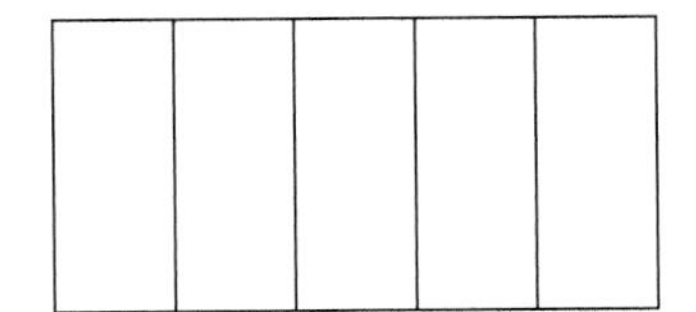

④ $\frac{5}{8}$

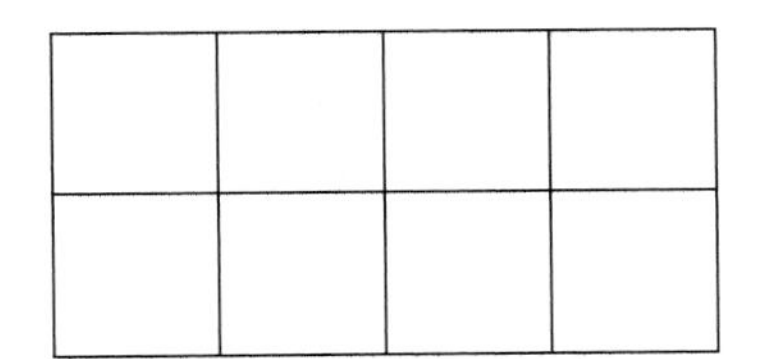

⑤ $\frac{1}{4}$

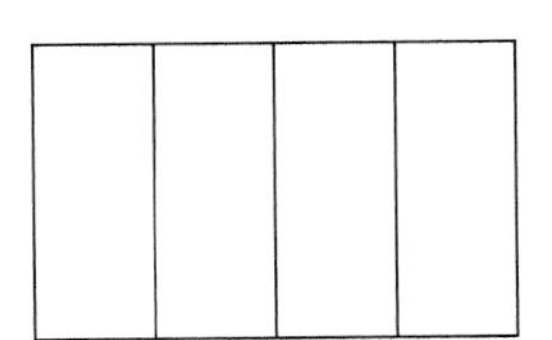

⑥ $\frac{7}{8}$

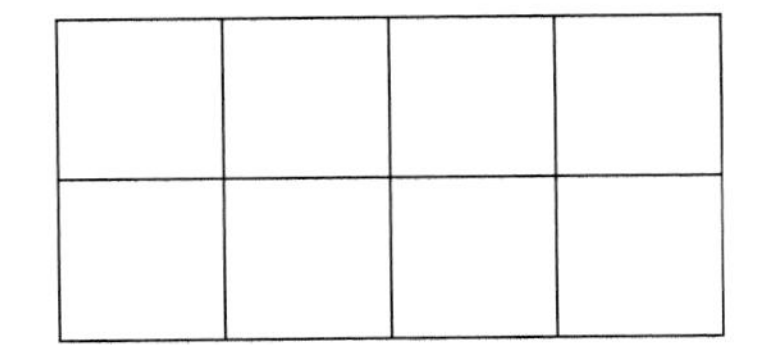

**Schraffiere den angegebenen Bruchteil farbig.**

① $2\frac{1}{2}$

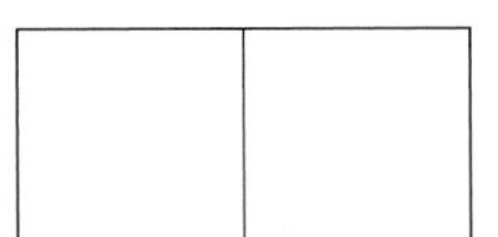

② $1\frac{3}{4}$

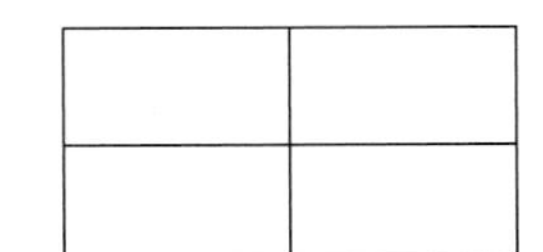
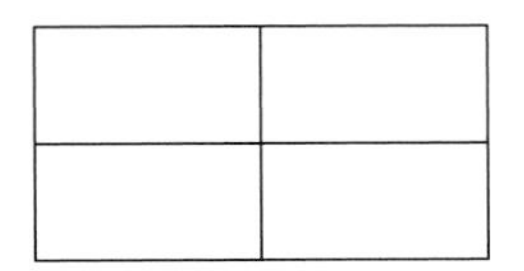

③ $2\frac{3}{5}$

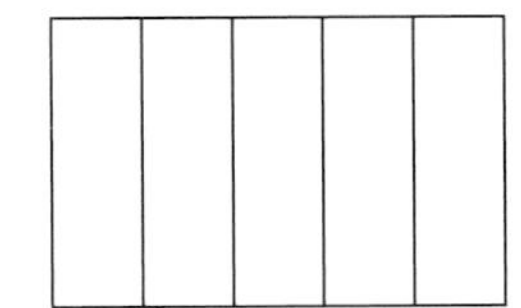
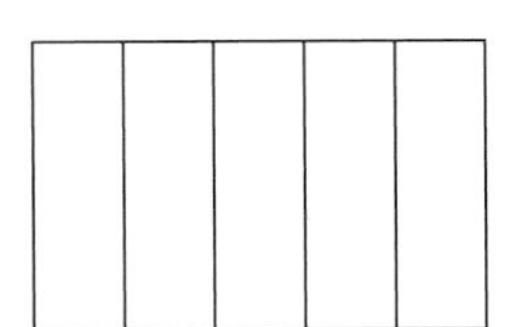
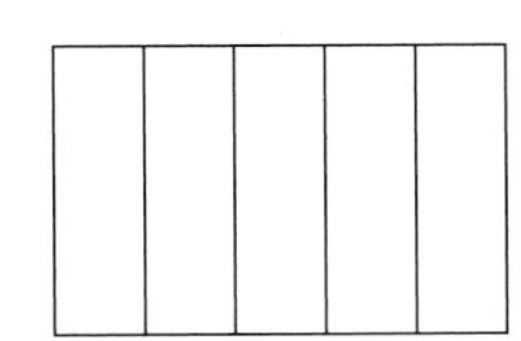

④ $1\frac{1}{3}$

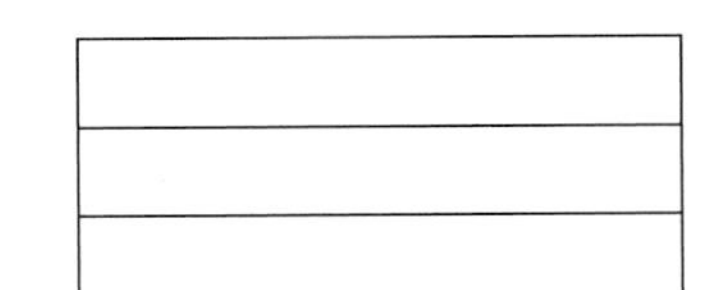
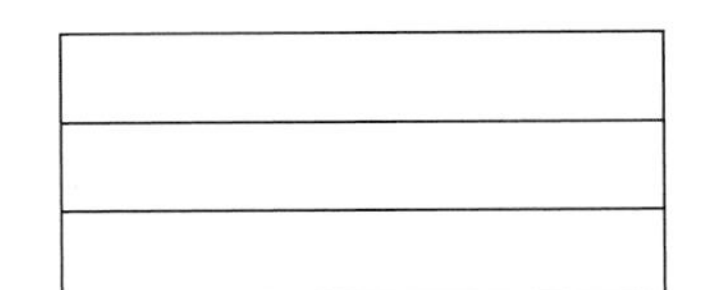

⑤ $1\frac{5}{6}$

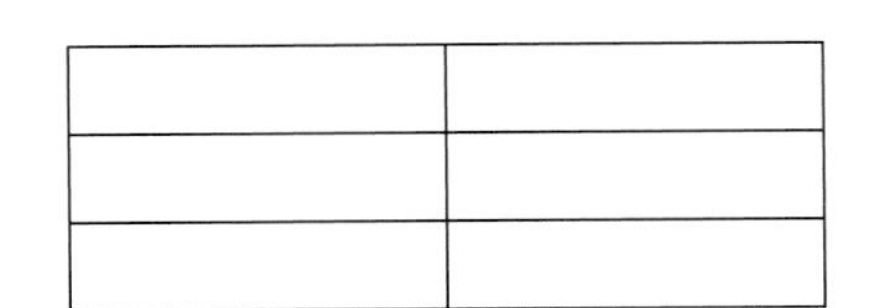

**Welche der gezeichneten Brüche sind gleich? Verbinde.**

①

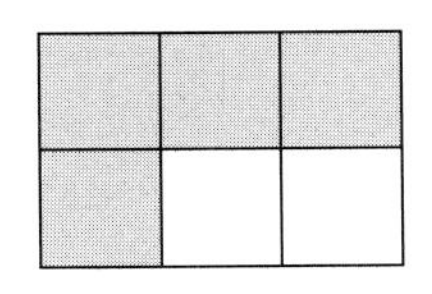

②

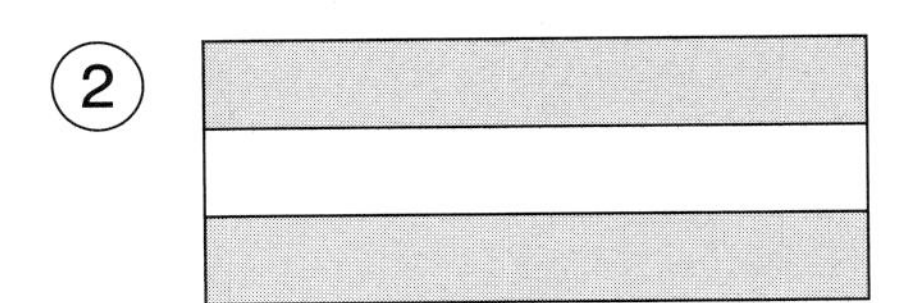

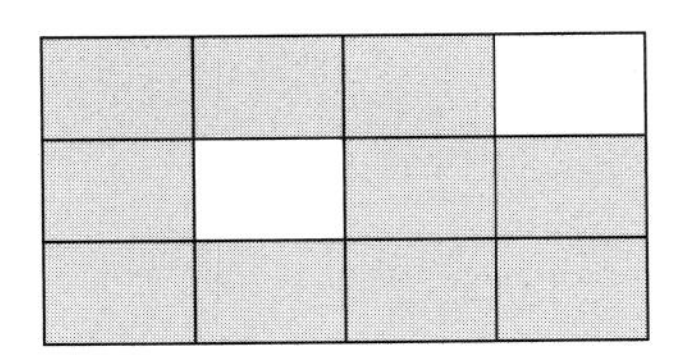

③

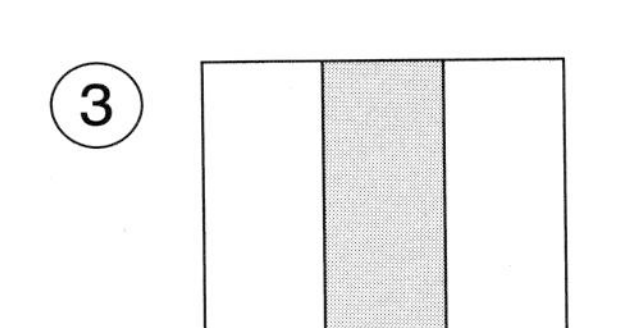

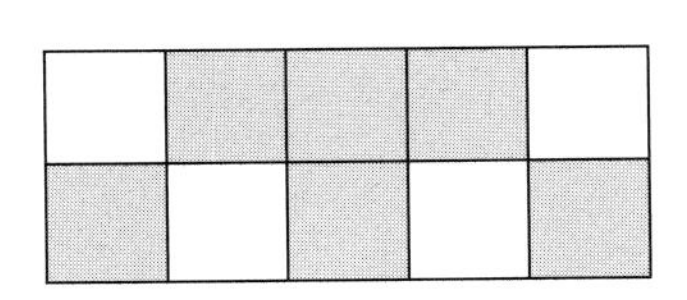

④

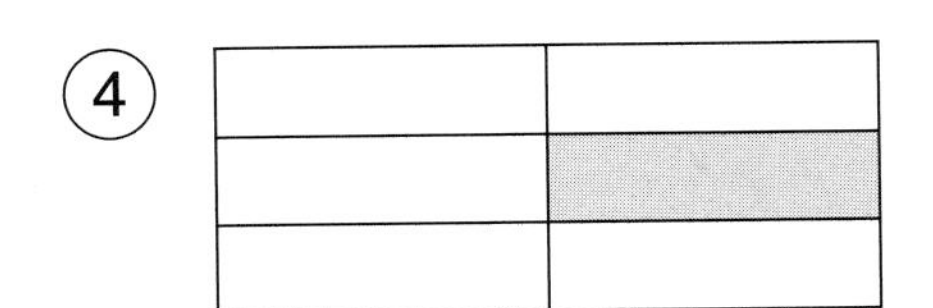

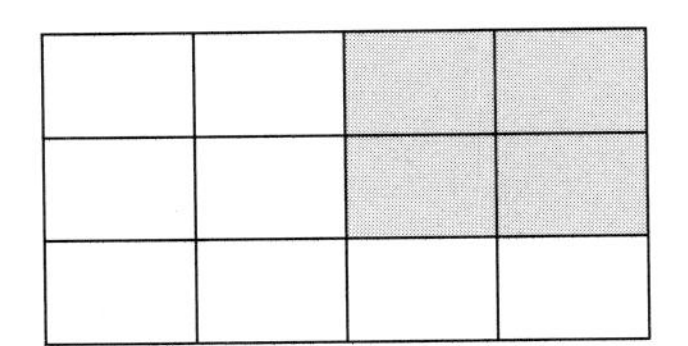

⑤

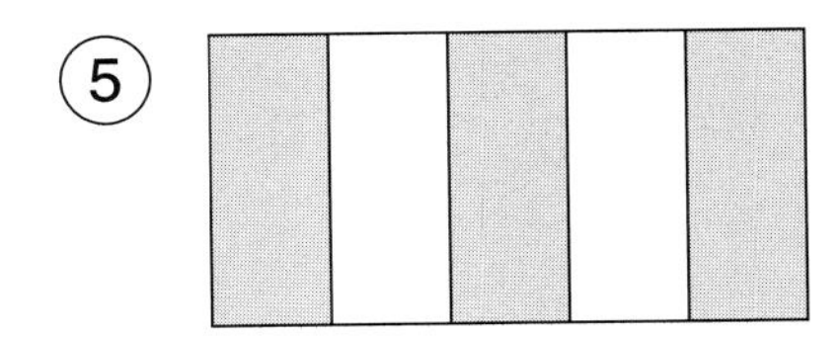

**Welcher Bruch passt zu dem gezeichneten Bruch? Ordne zu.**

A

B

C

D

E

$\frac{4}{5}$

$\frac{1}{3}$

$\frac{3}{4}$

$\frac{1}{2}$

$\frac{5}{6}$

Lösung:

| A | B | C | D | E |
|---|---|---|---|---|
| | | | | |

**Male die gleich großen Brüche mit derselben Farbe an. Mit welcher Zahl wurden sie erweitert?**

① $\frac{1}{2}$ · ___

$\frac{6}{8}$

② $\frac{2}{3}$ · ___

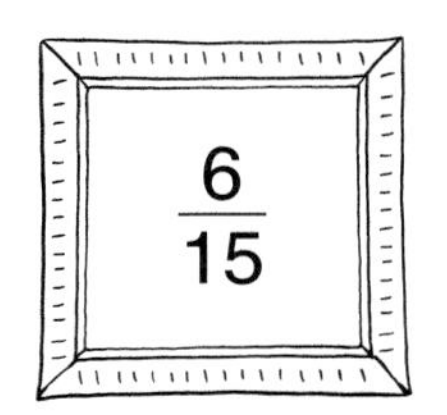


③ $\frac{3}{4}$ · ___

④ $\frac{4}{5}$ · ___

⑤ $\frac{2}{5}$ · ___

⑥ $\frac{1}{6}$ · ___

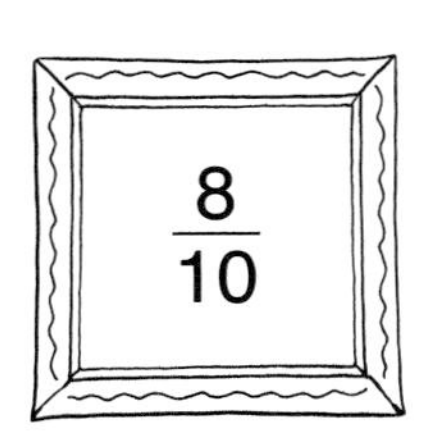


⑦ $\frac{1}{3}$ · ___

⑧ $\frac{1}{4}$ · ___

# Brüche kürzen

**Male die gleich großen Brüche mit derselben Farbe an. Mit welcher Zahl wurden sie gekürzt?**

① $\frac{3}{6}$ : ____

$\frac{5}{6}$

② $\frac{9}{15}$ : ____

③ $\frac{10}{12}$ : ____

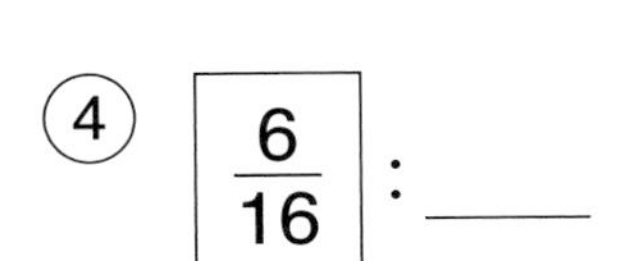

④ $\frac{6}{16}$ : ____

⑤ $\frac{12}{16}$ : ____

⑥ $\frac{4}{20}$ : ____

⑦ $\frac{5}{30}$ : ____

⑧ $\frac{5}{20}$ : ____

**Schreibe die unechten Brüche als gemischte Zahl.**

① $\frac{9}{4}$ = ____________________

② $\frac{4}{3}$ = ____________________

③ $\frac{7}{6}$ = ____________________

④ $\frac{7}{3}$ = ____________________

⑤ $\frac{11}{6}$ = ____________________

⑥ $\frac{11}{4}$ = ____________________

## Gleiche Brüche erkennen

**Male die gleich großen Brüche mit derselben Farbe an.**
**Welcher Bruch bleibt übrig? Notiere.**

① 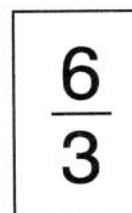


$2\frac{1}{4}$

② 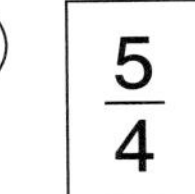

③ $\frac{9}{4}$

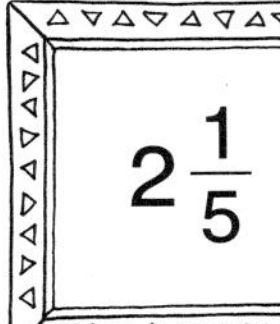


④ 

⑤ $\frac{11}{5}$

⑥ 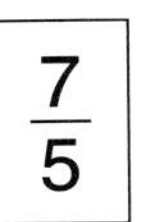

Lösung: Übrig bleibt ____________________.

## *Brüche addieren und subtrahieren*

**Kreuze die richtigen Aussagen an.**

- [ ] Gleichnamige Brüche werden addiert, indem man die Zähler addiert und den Nenner beibehält.

- [ ] Ungleichnamige Brüche werden addiert, indem man die Zähler subtrahiert und den Nenner beibehält.

- [ ] Gleichnamige Brüche werden addiert, indem man die Zähler und Nenner addiert.

- [ ] Ungleichnamige Brüche werden addiert, indem man die Zähler und Nenner addiert.

- [ ] Ungleichnamige Brüche müssen vor dem Addieren und Subtrahieren gleichnamig gemacht werden.

- [ ] Gleichnamige Brüche werden subtrahiert, indem man die Zähler und Nenner subtrahiert.

**Wie lautet der jeweilige Hauptnenner der beiden Brüche? Notiere.**

① $\frac{1}{5}$ und $\frac{1}{2}$ → ____________________

② $\frac{1}{2}$ und $\frac{2}{3}$ → ____________________

③ $\frac{5}{8}$ und $\frac{1}{4}$ → ____________________

④ $\frac{1}{4}$ und $\frac{1}{3}$ → ____________________

⑤ $\frac{2}{3}$ und $\frac{7}{9}$ → ____________________

⑥ $\frac{1}{2}$ und $\frac{3}{4}$ → ____________________

## Fehler beim Addieren und Subtrahieren von Brüchen

**Hier haben sich in jedem Ergebnis Fehler eingeschlichen. Erkläre, was jeweils falsch gemacht wurde und verbessere.**

① $\frac{2}{5} - \frac{1}{3} = \frac{1}{2}$

② $\frac{2}{7} + \frac{3}{7} = \frac{5}{14}$

③ $\frac{3}{5} - \frac{1}{5} = 2$

④ $\frac{2}{3} + \frac{1}{2} = \frac{1}{6}$

⑤ $\frac{3}{4} - \frac{1}{2} = \frac{2}{2}$

⑥ $\frac{1}{4} + \frac{1}{3} = \frac{5}{12}$

**Hier haben sich einige Fehler eingeschlichen. Finde und verbessere sie.**

① $\frac{4}{5} \cdot \frac{2}{3} = \frac{8}{15}$ ______________________

② $\frac{1}{2} \cdot \frac{4}{5} = \frac{5}{17}$ ______________________

③ $\frac{3}{4} \cdot \frac{5}{6} = \frac{15}{10}$ ______________________

④ $\frac{5}{6} \cdot \frac{1}{3} = \frac{6}{18}$ ______________________

⑤ $\frac{1}{5} \cdot \frac{5}{4} = \frac{1}{4}$ ______________________

⑥ $\frac{4}{2} \cdot \frac{3}{8} = \frac{3}{4}$ ______________________

# Kehrwert bilden

**Wie lautet der Kehrwert dieser Brüche? Notiere und schreibe wenn möglich als ganze Zahl oder gemischten Bruch.**

① $\frac{2}{3}$ → ______________________

② $\frac{1}{4}$ → ______________________

③ $\frac{5}{6}$ → ______________________

④ $\frac{4}{5}$ → ______________________

⑤ $\frac{6}{7}$ → ______________________

⑥ $\frac{3}{2}$ → ______________________

**Wie kommt das Ergebnis zustande? Vervollständige den Rechenweg.**

① $\frac{3}{4} : \frac{4}{5} = \frac{3}{4} \cdot \frac{\square}{4} = \frac{15}{16}$

② $\frac{1}{3} : \frac{2}{3} = \frac{\square}{3} \cdot \frac{3}{2} = \frac{1}{2}$

③ $\frac{4}{7} : \frac{1}{2} = \frac{4}{7} \cdot \frac{\square}{1} = \frac{8}{7} = 1\frac{1}{7}$

④ $\frac{8}{9} : \frac{1}{3} = \frac{8}{9} \cdot \frac{\square}{1} = 2\frac{2}{3}$

⑤ $\frac{3}{5} : \frac{1}{2} = \frac{\square}{5} \cdot \frac{2}{1} = 1\frac{1}{5}$

⑥ $\frac{1}{6} : \frac{5}{6} = \frac{\square}{6} \cdot \frac{\square}{5} = \frac{1}{5}$

**Zeichne mit Lineal und Buntstift zuerst die Parallelen gelb und anschließend deren Senkrechten blau nach.**

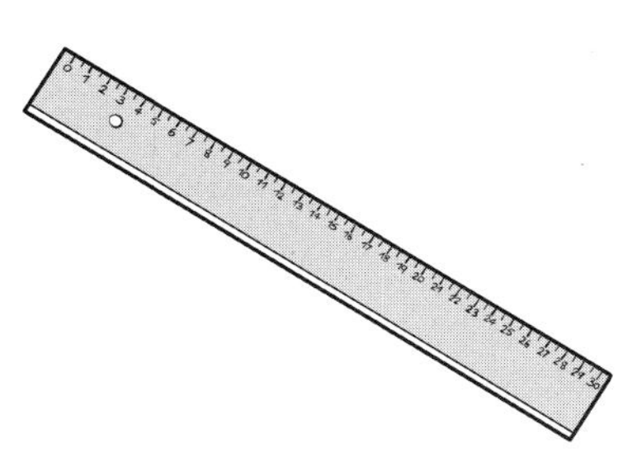

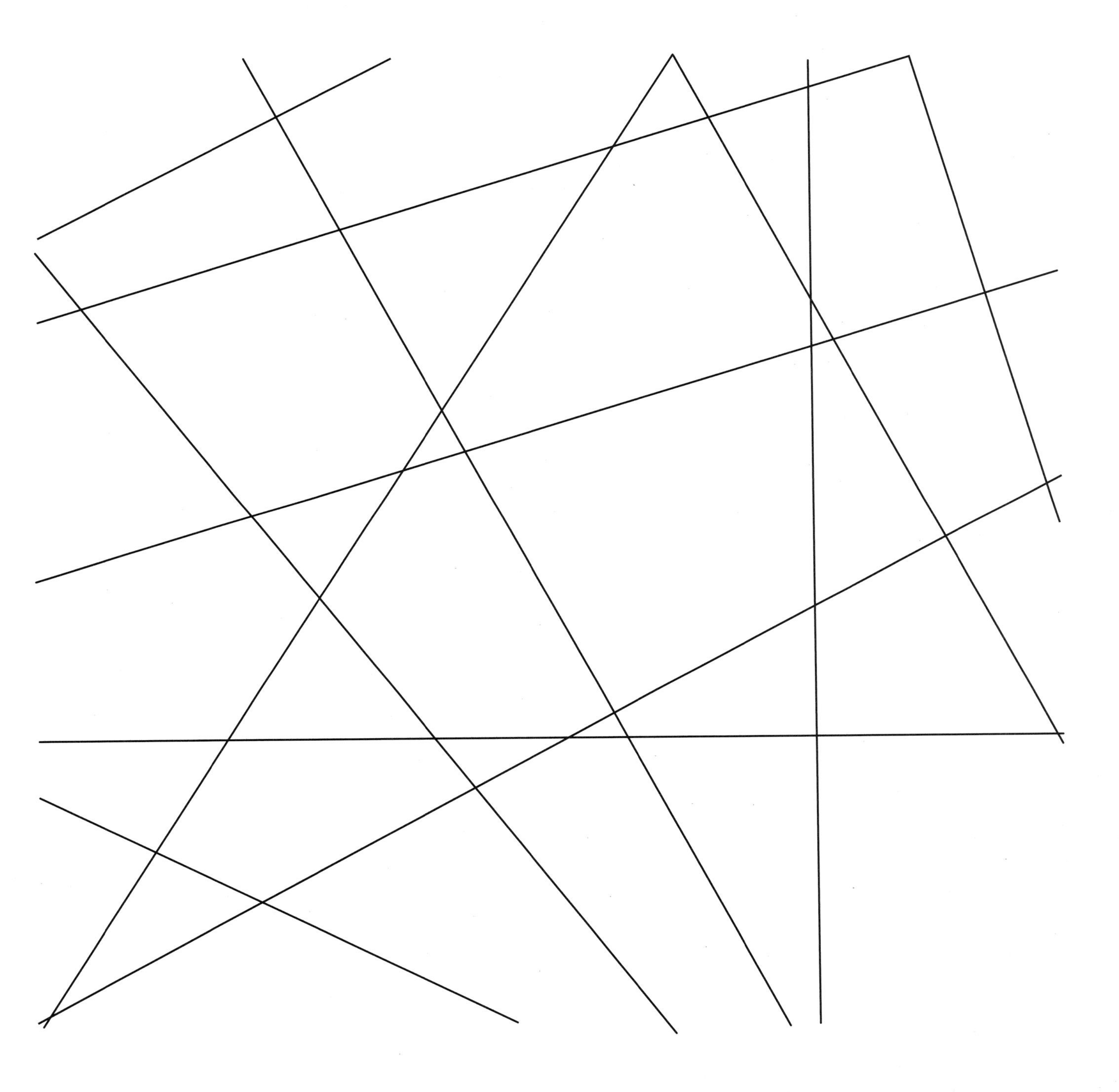

**Wie heißen die Winkelarten? Verbinde.**

1

2

3

4

5

6

spitzer Winkel

stumpfer Winkel

gestreckter Winkel

rechter Winkel

überstumpfer Winkel

Vollwinkel

**Um welche Winkelart handelt es sich? Notiere.**

① 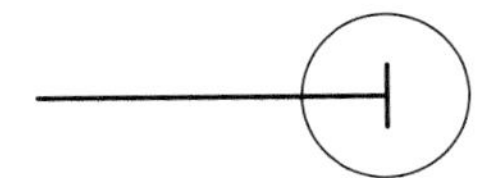 ____________________

②  ____________________

③ 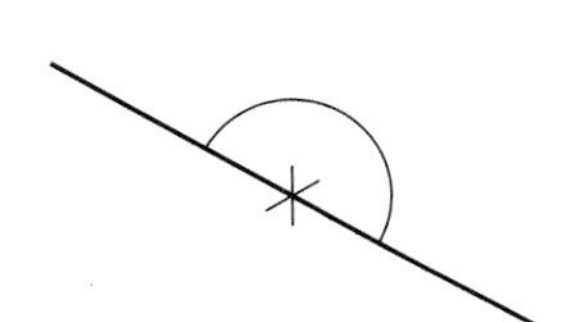 ____________________

④ 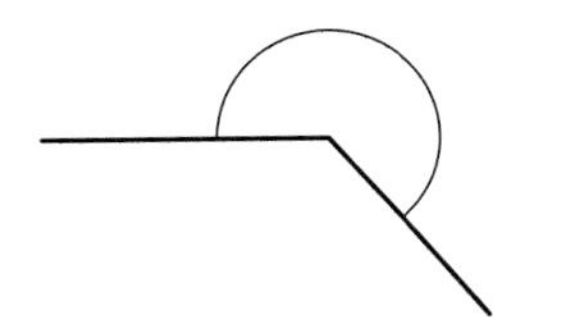 ____________________

⑤ 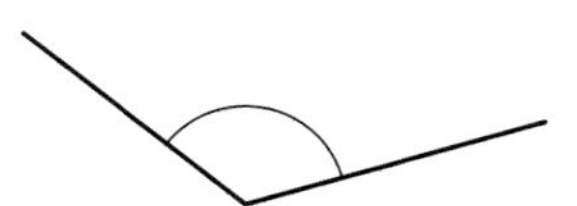 ____________________

⑥ 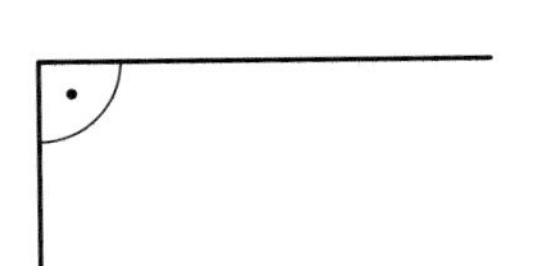 ____________________

**Ordne, ohne zu messen, die Winkel den Gradangaben zu.**

| | | |
|---|---|---|
| 1 | 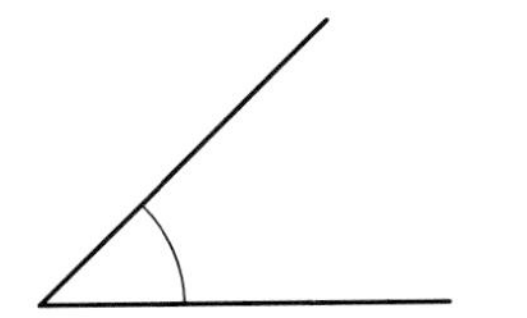 | 90° |
| 2 | 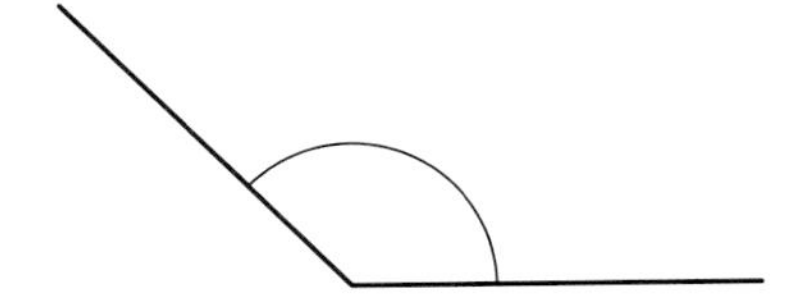 | 45° |
| 3 | 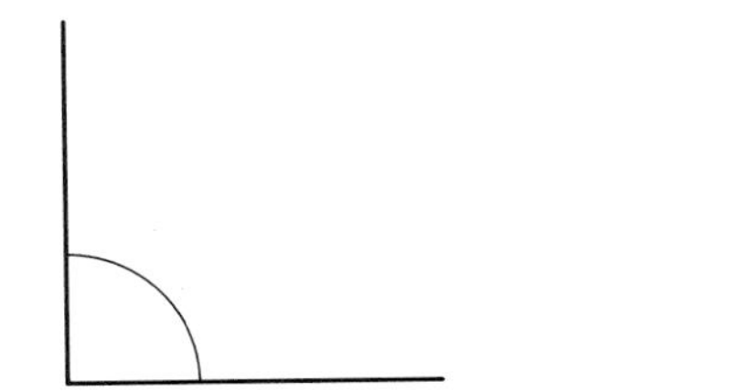 | 180° |
| 4 | 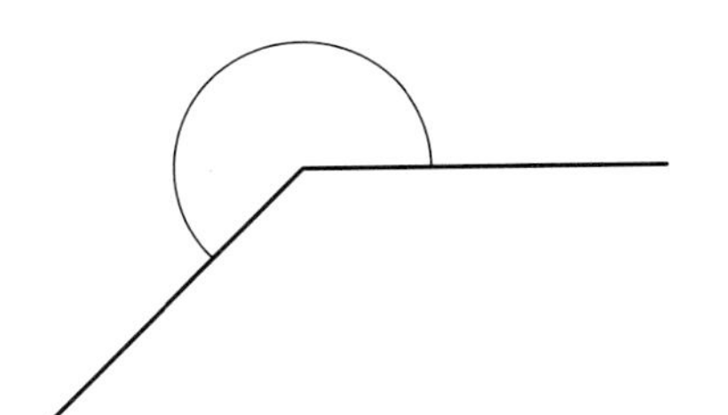 | 135° |
| 5 | 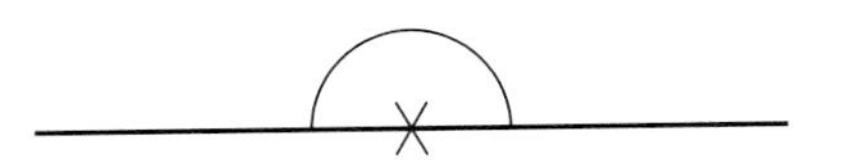 | 225° |

**Hinweis:** Durch das Kopieren kann es zu geringfügigen Abweichungen kommen.

**Schätze: Wie groß ist der Winkel? Miss nach und notiere.**

1 ___________________

2 ___________________

3 ___________________

4 ___________________

5 ___________________

**Ordne die fehlenden Teile richtig zu.**

**A**

| △ | ● |
|---|---|
| ☾ | ♡ |

**B**

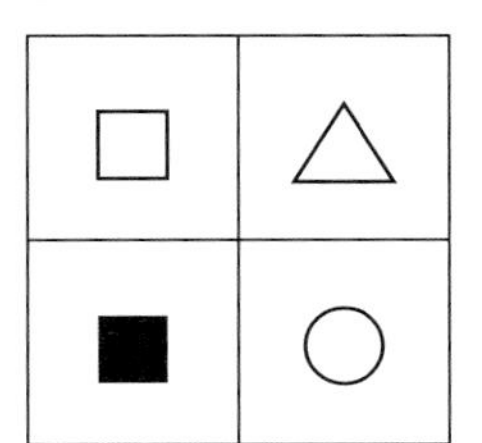

**C**

| ▽ | ■ |
|---|---|
| ○ | ☾ |

| □ | △ | ● | ✚ | ☆ | ▽ | ■ | ○ | ☾ | ♡ |
|---|---|---|---|---|---|---|---|---|---|
| ☆ | ▽ | ■ | ○ | ☾ | ♡ | □ | △ | ● | ✚ |
| ♡ | **?** | **?** | ● | ✚ | ☆ | ▽ | ■ | ○ | ☾ |
| ▽ | **?** | **?** | ☾ | ♡ | □ | **?** | **?** | ✚ | ☆ |
| ● | ✚ | ☆ | ▽ | ■ | ○ | **?** | **?** | □ | △ |
| ■ | ○ | ☾ | ♡ | □ | △ | ● | ✚ | ☆ | ▽ |
| ☾ | ♡ | □ | △ | ● | ✚ | ☆ | ▽ | ■ | ○ |
| △ | ● | ✚ | ☆ | **?** | **?** | ○ | ☾ | ♡ | □ |
| ✚ | ☆ | ▽ | ■ | **?** | **?** | ♡ | □ | △ | ● |
| □ | △ | ● | ✚ | ☆ | ▽ | ■ | ○ | ☾ | ♡ |

**Welche Koordinaten haben die Punkte? Notiere.**

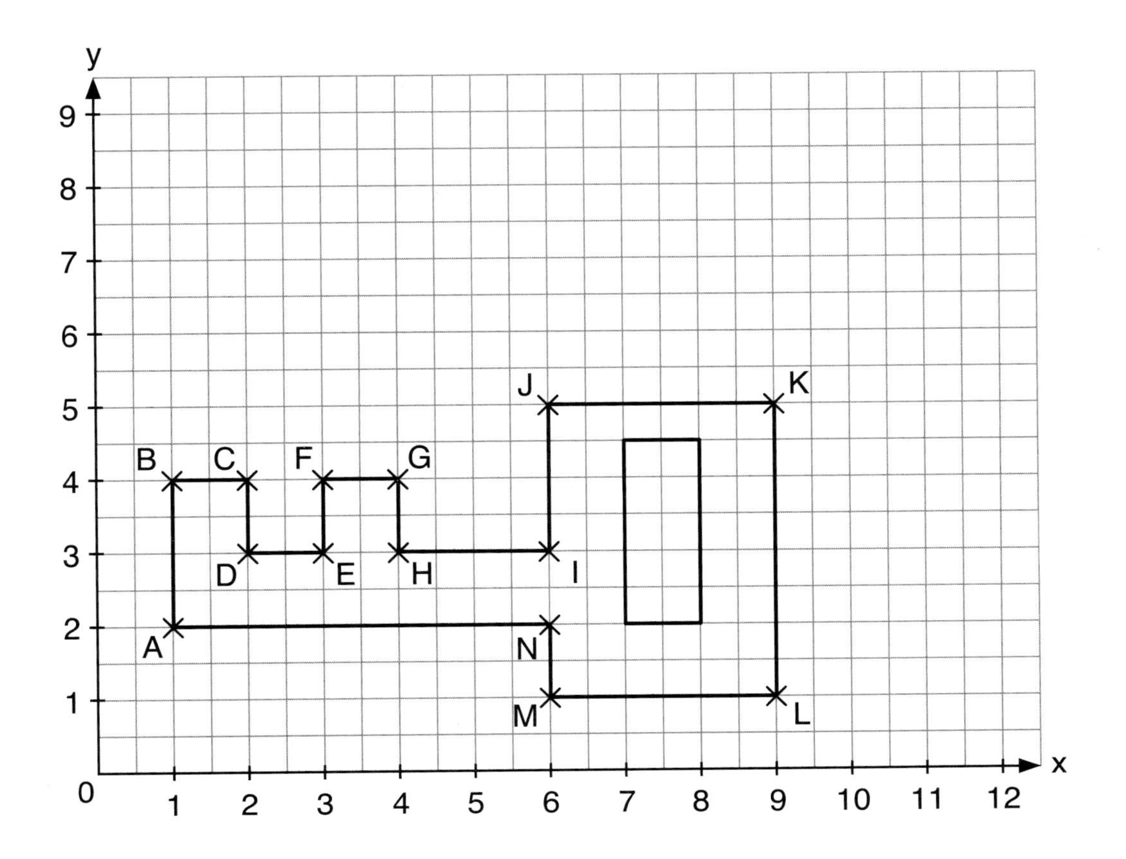


A ____________ B ____________

C ____________ D ____________

E ____________ F ____________

G ____________ H ____________

I ____________ J ____________

K ____________ L ____________

M ____________ N ____________

**Trage folgende Koordinaten in das Koordinatensystem ein und verbinde die Punkte von A bis J.**

A (2 | 1)

B (6,5 | 2,5)

C (7,5 | 4,5)

D (5,5 | 5,5)

E (1 | 4)

F (1,5 | 2)

G (5 | 3)

H (5,5 | 4)

I (4,5 | 4,5)

J (2,5 | 3,5)

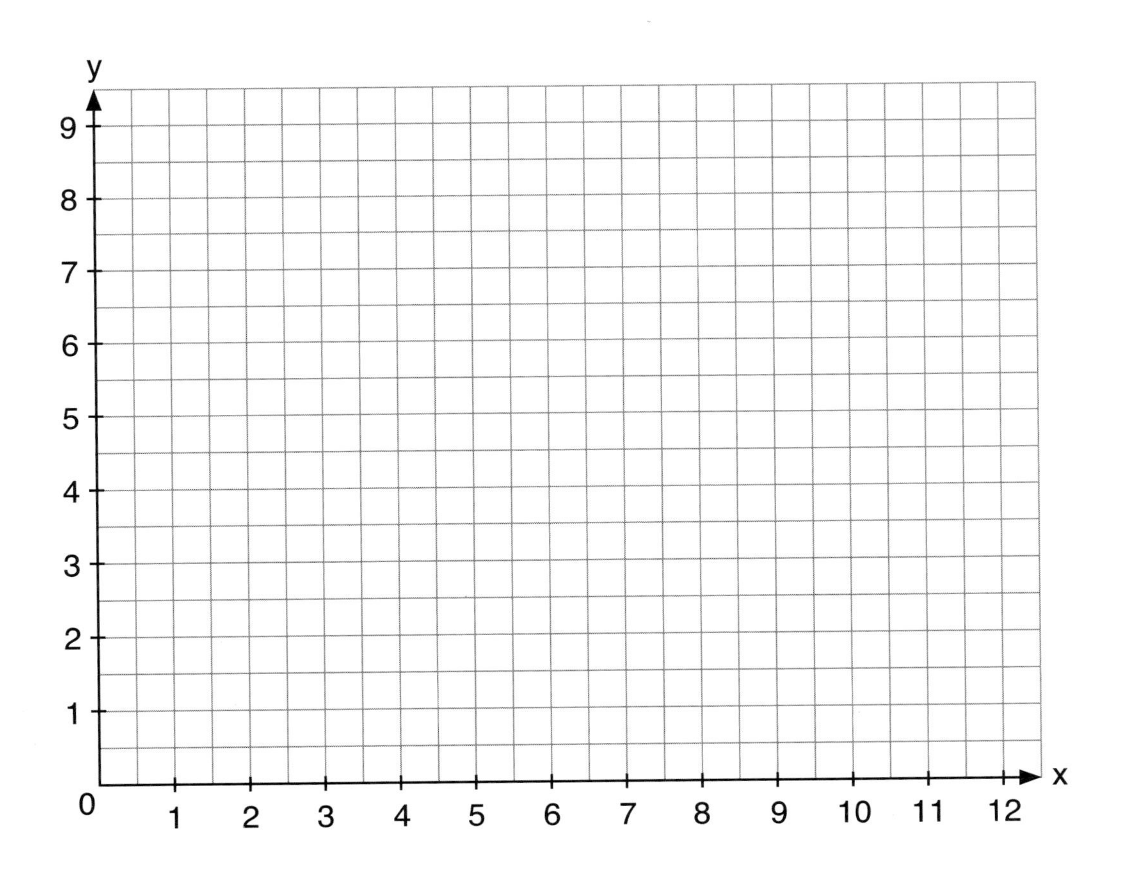

**Welche der Buchstaben wurden gespiegelt? Kreuze an.**

① B

Spiegelachse

☐ ☐ ☐ ☐

② P

Spiegelachse

☐ ☐ ☐ ☐

③

Spiegelachse

☐ ☐ ☐ ☐

**Zeichne alle möglichen Symmetrieachsen in die Figuren ein.**

(1)

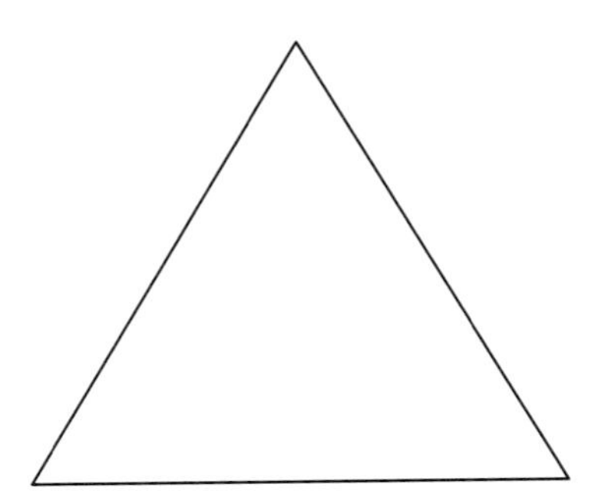

(2)

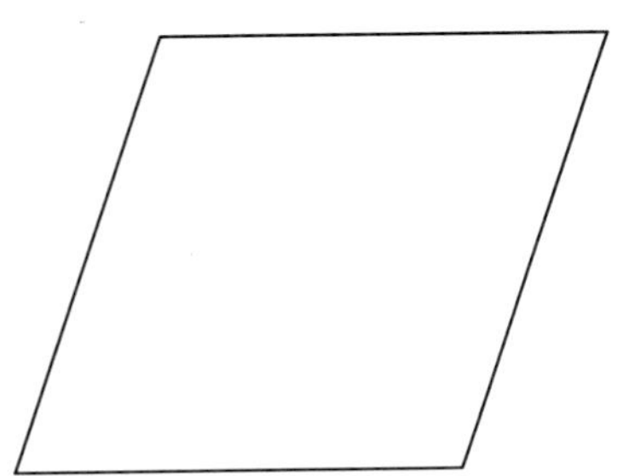

(3)

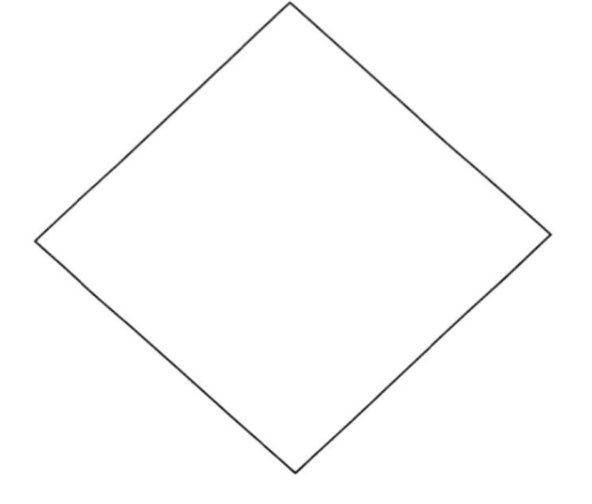

(4)

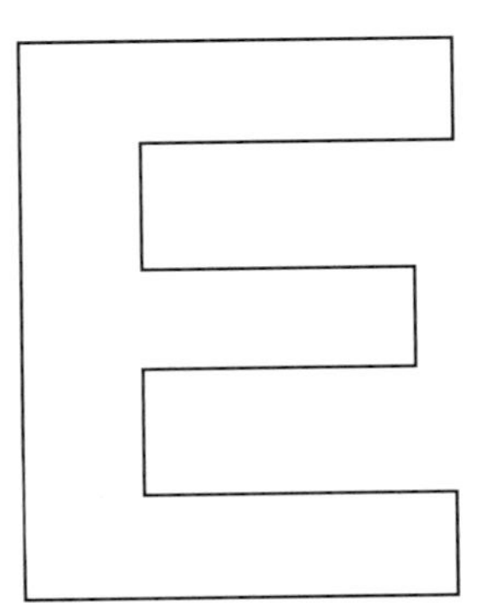

(5)

**Spiegle die Figuren an der Spiegelachse.**

①

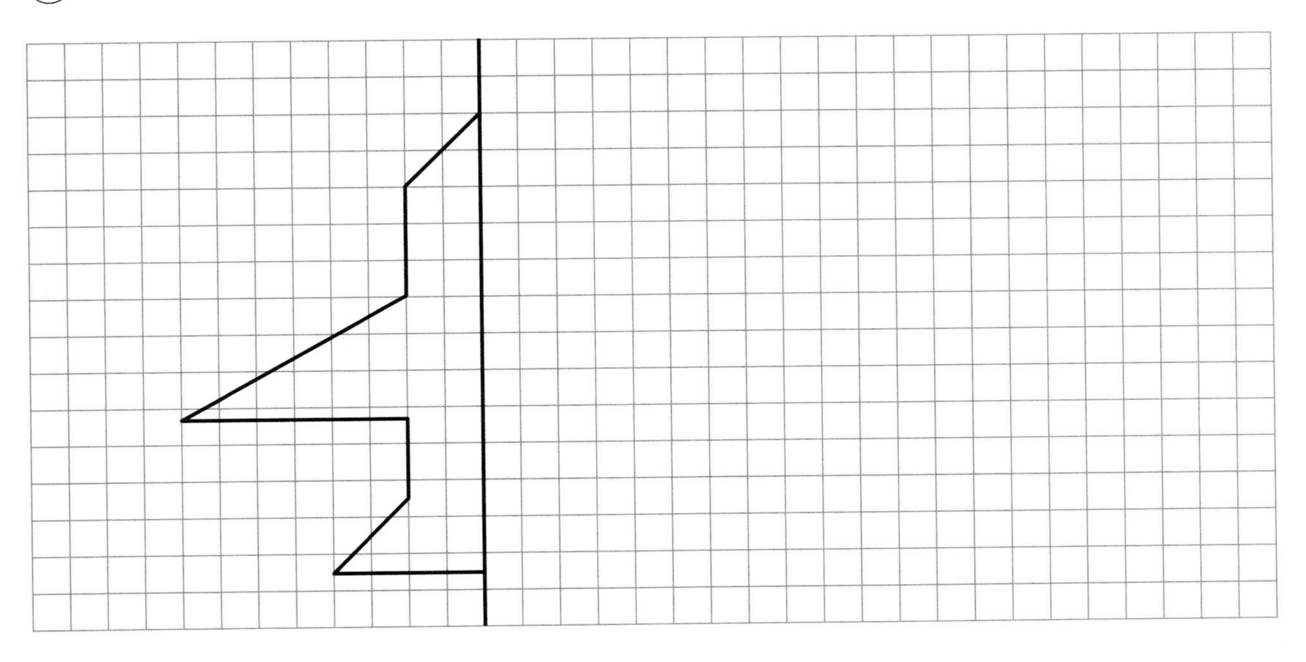

②

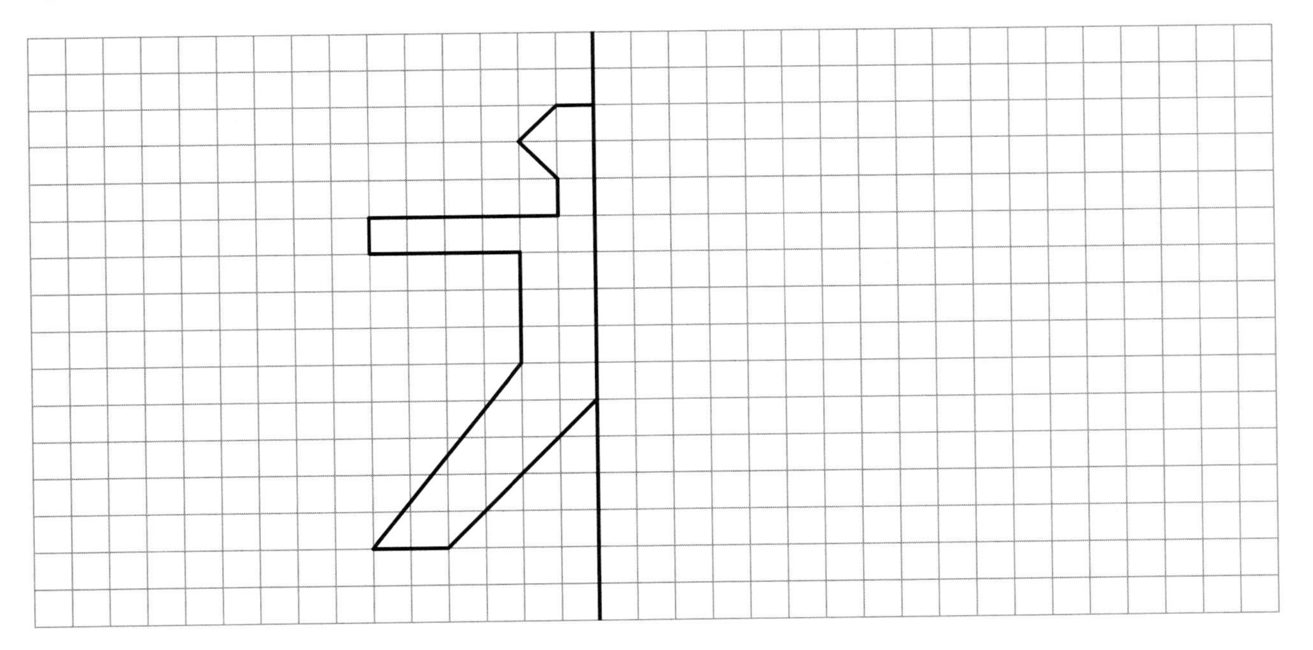

**Spiegle die Figuren an der Spiegelachse.**

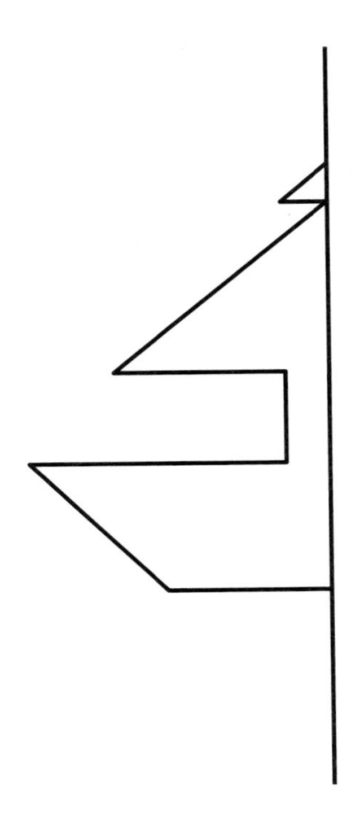

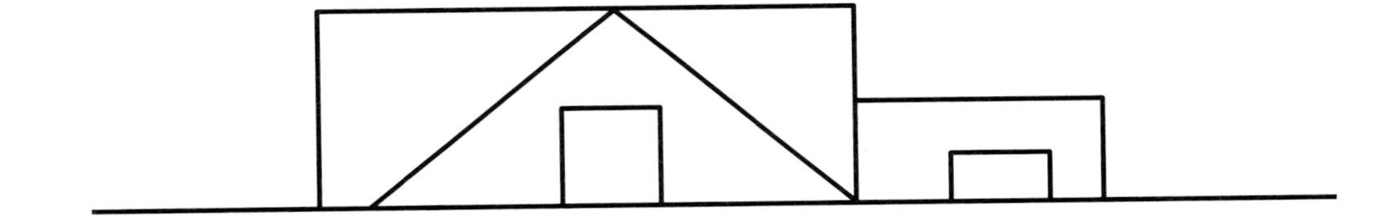

# *Eigenschaften von Rechteck und Quadrat*

**Welche der Aussagen treffen auf Rechteck, Quadrat oder keine der beiden Figuren zu? Kreuze an.**

| | Rechteck | Quadrat | unzutreffend |
|---|---|---|---|
| Alle Seiten sind gleich lang. | | | |
| Gegenüberliegende Seiten sind parallel. | | | |
| Zwei Winkel sind unterschiedlich groß. | | | |
| Die Seiten stehen senkrecht zueinander. | | | |
| Die Seiten a und b sind unterschiedlich lang. | | | |
| Es gibt nur eine Symmetrieachse. | | | |

## Rechtecke und Quadrate suchen

**Sieh dich in deinem Klassenzimmer genau um. Welche Rechtecke und Quadrate kannst du erkennen? Notiere.**

| Rechtecke | Quadrate |
|---|---|
| | |
| | |
| | |
| | |
| | |
| | |
| | |
| | |
| | |
| | |
| | |
| | |
| | |
| | |
| | |
| | |
| | |
| | |
| | |
| | |
| | |
| | |
| | |
| | |
| | |
| | |

**Wie viele Kreise, Dreiecke und Quadrate sind auf dem Bild? Notiere.**

Anzahl der Kreise: ______

Anzahl der Dreiecke: ______

Anzahl der Quadrate: ______

**Betrachte das Bild zwei Minuten ganz genau. Verdecke es anschließend und beantworte die untenstehenden Fragen.**

Wo liegt das schwarze Dreieck? ______________________________

Wie viele Quadrate sind zu sehen? ______________________________

Was befindet sich links neben der oberen Sonne? ______________________________

**Berechne mithilfe der Formeln den Umfang (U) und den Flächeninhalt (A) der Rechtecke. Wer schafft dies am schnellsten und hat alles richtig?**

| | 1 | 2 | 3 | 4 | 5 | 6 |
|---|---|---|---|---|---|---|
| **a** | 2 cm | 4 cm | 3 cm | 4 cm | 6 cm | 2 cm |
| **b** | 3 cm | 3 cm | 5 cm | 5 cm | 5 cm | 4 cm |

(1) $U = 2 \cdot (a + b)$ ______ ______ $A = a \cdot b$ ______ ______

(2) $U = 2 \cdot (a + b)$ ______ ______ $A = a \cdot b$ ______ ______

(3) $U = 2 \cdot (a + b)$ ______ ______ $A = a \cdot b$ ______ ______

(4) $U = 2 \cdot (a + b)$ ______ ______ $A = a \cdot b$ ______ ______

(5) $U = 2 \cdot (a + b)$ ______ ______ $A = a \cdot b$ ______ ______

(6) $U = 2 \cdot (a + b)$ ______ ______ $A = a \cdot b$ ______ ______

**Berechne mithilfe der Formeln den Umfang (U) und den Flächeninhalt (A) der Quadrate. Wer schafft dies am schnellsten und hat alles richtig?**

| | ① | ② | ③ | ④ | ⑤ | ⑥ |
|---|---|---|---|---|---|---|
| **a** | 4 cm | 3 cm | 6 cm | 5 cm | 7 cm | 2 cm |

① $U = 4 \cdot a$ $A = a \cdot a$

______________________ ______________________

______________________ ______________________

② $U = 4 \cdot a$ $A = a \cdot a$

______________________ ______________________

______________________ ______________________

③ $U = 4 \cdot a$ $A = a \cdot a$

______________________ ______________________

______________________ ______________________

④ $U = 4 \cdot a$ $A = a \cdot a$

______________________ ______________________

______________________ ______________________

⑤ $U = 4 \cdot a$ $A = a \cdot a$

______________________ ______________________

______________________ ______________________

⑥ $U = 4 \cdot a$ $A = a \cdot a$

______________________ ______________________

______________________ ______________________

**Vervollständige die Tabelle.**

| | Anzahl der Kanten | Anzahl der Ecken | Anzahl der Flächen |
|---|---|---|---|
| **Quader** | | | |
| **Würfel** | | | |
| **Pyramide** | | | |
| **Zylinder** | | | |
| **Kegel** | | | |

**Welche geometrischen Körper können das sein? Notiere.**

① Mein Körper hat gewölbte Flächen.

____________________

② Mein Körper hat sechs ebene Flächen.

____________________

③ Mein Körper hat nur eine Ecke.

____________________

④ Mein Körper hat keine Ecke.

____________________

⑤ Mein Körper hat fünf ebene Flächen.

____________________

⑥ Mein Körper hat sechs Ecken.

____________________

# Schrägbilder ergänzen

**Vervollständige die Schrägbilder zu einem Körper.**

① a = 2 cm

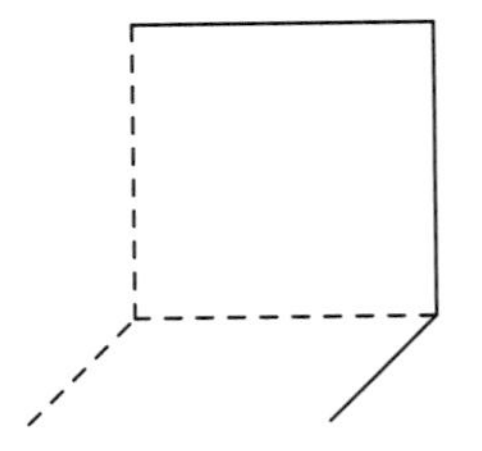

② a = 6 cm b = 4 cm c = 3 cm

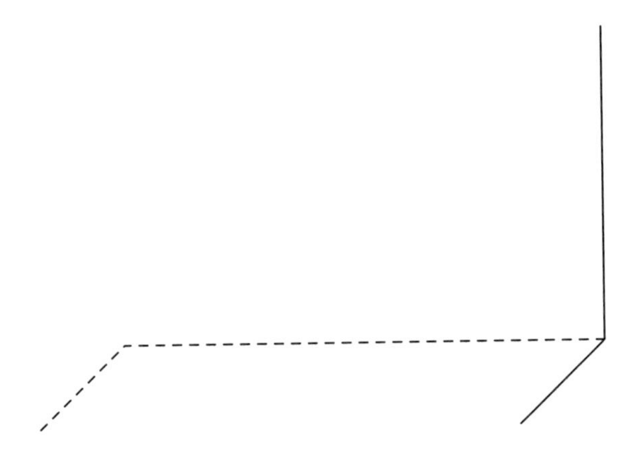

**Berechne mithilfe der Formeln Volumen (V) und Oberfläche (O) der Würfel. Wer schafft dies am schnellsten und hat alles richtig?**

| | ① | ② | ③ | ④ | ⑤ | ⑥ |
|---|---|---|---|---|---|---|
| **a** | 3 cm | 6 cm | 2 cm | 4 cm | 5 cm | 1 cm |

① $V = a \cdot a \cdot a$ $O = 6 \cdot a \cdot a$

② $V = a \cdot a \cdot a$ $O = 6 \cdot a \cdot a$

③ $V = a \cdot a \cdot a$ $O = 6 \cdot a \cdot a$

④ $V = a \cdot a \cdot a$ $O = 6 \cdot a \cdot a$

⑤ $V = a \cdot a \cdot a$ $O = 6 \cdot a \cdot a$

⑥ $V = a \cdot a \cdot a$ $O = 6 \cdot a \cdot a$

**Berechne mithilfe der Formeln Volumen (V) und Oberfläche (O) der Quader. Wer schafft dies am schnellsten und hat alles richtig?**

| | ① | ② | ③ | ④ | ⑤ | ⑥ |
|---|---|---|---|---|---|---|
| **a** | 2 cm | 3 cm | 5 cm | 4 cm | 6 cm | 2 cm |
| **b** | 3 cm | 5 cm | 4 cm | 2 cm | 3 cm | 6 cm |
| **c** | 4 cm | 2 cm | 3 cm | 5 cm | 2 cm | 4 cm |

① $V = a \cdot b \cdot c$ $O = 2 \cdot (a \cdot b + a \cdot c + b \cdot c)$

② $V = a \cdot b \cdot c$ $O = 2 \cdot (a \cdot b + a \cdot c + b \cdot c)$

③ $V = a \cdot b \cdot c$ $O = 2 \cdot (a \cdot b + a \cdot c + b \cdot c)$

④ $V = a \cdot b \cdot c$ $O = 2 \cdot (a \cdot b + a \cdot c + b \cdot c)$

⑤ $V = a \cdot b \cdot c$ $O = 2 \cdot (a \cdot b + a \cdot c + b \cdot c)$

⑥ $V = a \cdot b \cdot c$ $O = 2 \cdot (a \cdot b + a \cdot c + b \cdot c)$

**Male die richtigen Formeln für die Berechnung des Umfangs von Rechtecken blau und von Quadraten gelb an.**
**Schraffiere die richtigen Formeln für die Berechnung der Oberfläche von Würfeln grün und von Quadern orange.**

$O = 2 \cdot (a \cdot b + a \cdot c + b \cdot c)$

$O = 4 \cdot (a + b)$

$u = 6 \cdot a$

$u = 4 \cdot a$

$u = a \cdot b$

$O = 4 \cdot a \cdot a$

$O = 6 \cdot a \cdot a$

$O = a \cdot b + a \cdot c + b \cdot c$

$u = 2 \cdot (a + b)$

**Beim Sportfest wurde der Sieger im Weitsprung ermittelt. Wer sprang am weitesten? Wandle alles in Meter um.**

(1) Paul: 0,00353 km = 

(2) Tim: 1 m 235 cm = 

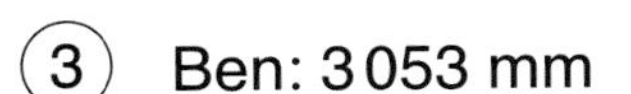

(3) Ben: 3053 mm = ____________________

(4) Felix: 2 m 10,35 dm = ____________________

(5) Leo: 1 m 2053 mm = ____________________

(6) Uwe: 2 m 10 dm 35 mm = ____________________

____________________ sprang am weitesten.

**Im Zoo hat es vor einiger Zeit Nachwuchs bei den Raubkatzen gegeben.**
**Welches Tierbaby wiegt am wenigsten?**
**Wandle alles in kg um.**

① Tiger: 0,0065 t = 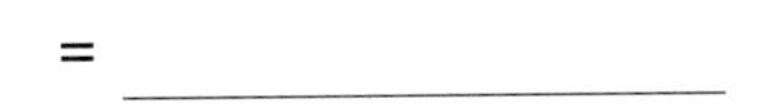

② Gepard: 0,006 t 50 g = ____________________

③ Leopard: 4 kg 2 050 g = ____________________

④ Panther: 6 500 g = ____________________

⑤ Luchs: 6 kg 5 000 mg = ____________________

⑥ Löwe: 4 kg 2 550 g = ____________________

________________________ wiegt am wenigsten.

**Die Mädchenclique veranstaltete ein Radrennen. Wer schaffte die 40 km mit dem Rad am schnellsten?**
**Wandle alles in Minuten um.**

(1) Mia: 3 h 36 min = ____________

(2) Eva: 210 min 150 s = ____________

(3) Lea: 3 h 2100 s = ____________

(4) Marie: 200 min 1 020 s = ____________

(5) Lucie: 2 h 96 min = ____________

(6) Anna: 3,5 h = ____________

____________ war am schnellsten.

**Wer hat das größte Grundstück?**
**Wandle alles in $m^2$ um.**

(1) Familie Meier: 20 a = ______________________

(2) Familie Huber: 0,2 ha = ______________________

(3) Familie Schmid: 2 a 2 000 $m^2$ = ______________________

(4) Familie Bauer: 2 000 000 $cm^2$ = ______________________

(5) Familie Stadler: 22 000 $dm^2$ = ______________________

(6) Familie Gruber: 2 000 000 000 $mm^2$ = ______________________

______________________ besitzt das größte Grundstück.

## Dezimalzahlen am Zahlenstrahl

**Trage folgende Dezimalzahlen auf dem Zahlenstrahl ein.**

① 0,6
② 2,8
③ 1,7
④ 0,4
⑤ 3,1
⑥ 2,3

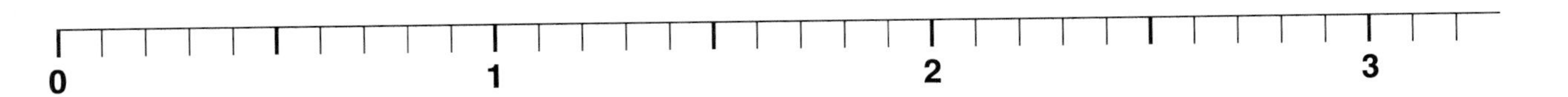

**Zähle vorwärts in Zehntelschritten von 1,2 bis 1,7 und wieder zurück bis 1,2.**

**Zähle vorwärts in Hundertstelschritten von 1,5 bis 2 und wieder zurück bis 1,5.**

**Ergänze wie im Beispiel.**

Beispiel: $\frac{4}{10} = 0{,}4$

① $\frac{6}{10}$ = ______________

② $\frac{2}{10}$ = ______________

③ $\frac{8}{10}$ = ______________

④ $\frac{1}{10}$ = ______________

⑤ $\frac{5}{10}$ = ______________

⑥ $\frac{13}{10}$ = ______________

**Schreibe den farbig gekennzeichneten Bruchanteil als Bruch und Dezimalbruch.**

① Bruch: ________ Dezimalbruch: ____________

② Bruch: ________ Dezimalbruch: ____________

③ Bruch: ________ Dezimalbruch: ____________

④ Bruch: ________ Dezimalbruch: ____________

⑤ Bruch: ________ Dezimalbruch: ____________

**Je ein Bruch und ein Dezimalbruch haben denselben Wert. Welche Paare gehören zusammen? Verbinde.**

① $\frac{12}{100}$

② $\frac{12}{10}$

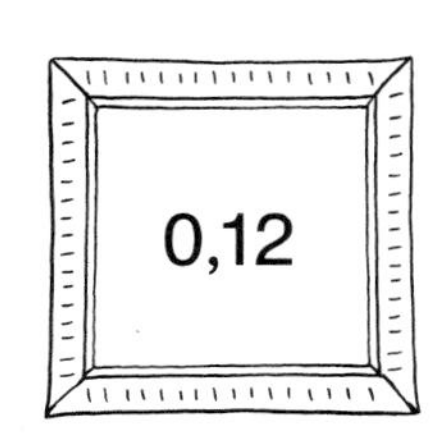


③ $\frac{12}{1\,000}$

④ $\frac{3}{10}$

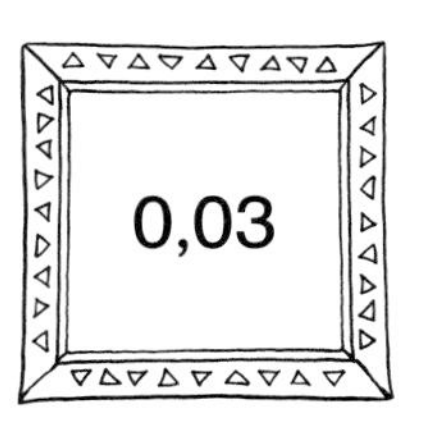


⑤ $\frac{3}{1\,000}$

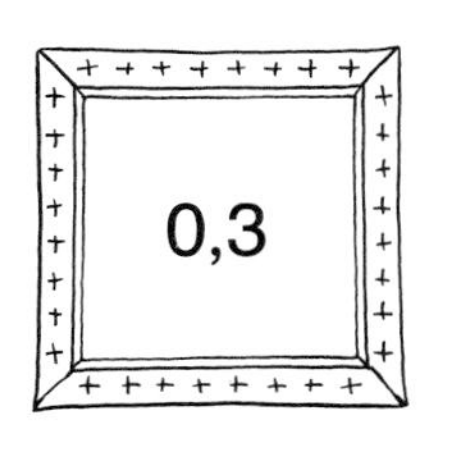


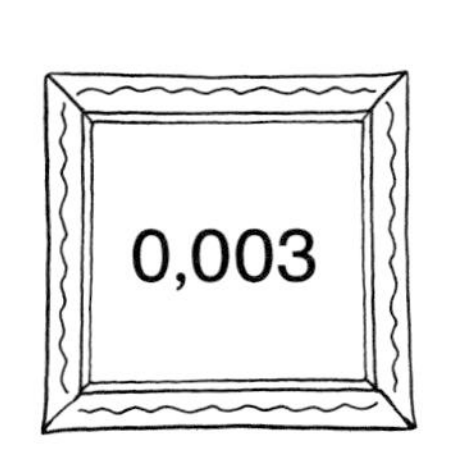


⑥ $\frac{3}{100}$

**Ordne die Brüche und Dezimalbrüche der Größe nach. Beginne mit der kleinsten Zahl. Wer hat die richtige Lösung am schnellsten?**

**Wo passt das Gleichheitszeichen nicht? Streiche es durch. Wenn du alles richtig gerechnet hast, ergeben die Buchstaben hinter den richtigen Rechnungen ein Lösungswort.**

| | | | | |
|---|---|---|---|---|
| (1) | **S** | 4,2 | = | 4,20 |
| (2) | **A** | 9,12 | = | 9,102 |
| (3) | **U** | 7,6 | = | 7,600 |
| (4) | **P** | 5,47 | = | 5,470 |
| (5) | **B** | 3,8 | = | 3,080 |
| (6) | **E** | 8,31 | = | 8,310 |
| (7) | **L** | 2,5 | = | 2,505 |
| (8) | **R** | 6,94 | = | 6,940 |

$=$ $\neq$

Lösungswort: ______________________

## Dezimalbrüche bilden

**Bilde mit den vier Kärtchen alle 10 möglichen Dezimalzahlen. Wer schafft dies am schnellsten?**

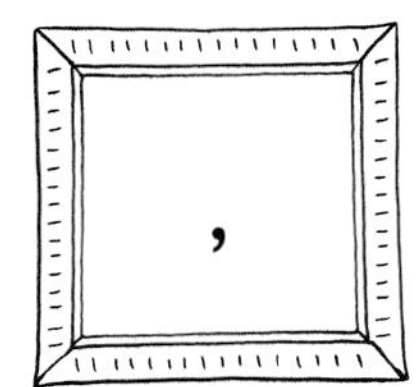


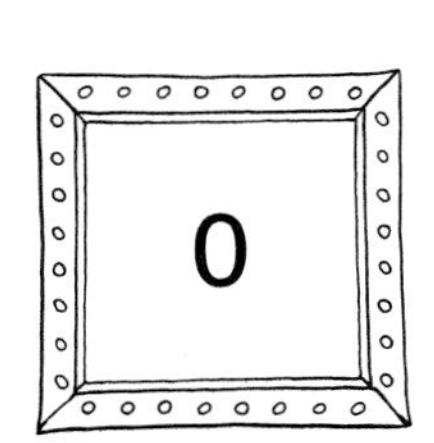

1. ______________________________

2. ______________________________

3. ______________________________

4. ______________________________

5. ______________________________

6. ______________________________

7. ______________________________

8. ______________________________

9. ______________________________

10. ______________________________

**Notiere alle Dezimalbrüche mit zwei Stellen nach dem Komma, für die gilt:**

① 2,98 < ______________________________________

______________________________________ < 3,10

② 5,76 < ______________________________________

______________________________________ < 5,85

③ 1,04 < ______________________________________

______________________________________ < 1,15

④ 7,31 < ______________________________________

______________________________________ < 7,41

⑤ 6,49 < ______________________________________

______________________________________ < 6,60

**Addiere jeweils zwei Dezimalzahlen so, dass du 44,88 als Ergebnis erhältst. Jede Dezimalzahl darf nur einmal verwendet werden.**

| 30,14 | 26,93 | 17,95 | 9,28 |
|---|---|---|---|
| 25,22 | 24,76 | 14,74 | 12,31 |
| 32,57 | 19,66 | 20,12 | 35,60 |

① ______________ + ______________ = 44,88

② ______________ + ______________ = 44,88

③ ______________ + ______________ = 44,88

④ ______________ + ______________ = 44,88

⑤ ______________ + ______________ = 44,88

⑥ ______________ + ______________ = 44,88

**Welche Dezimalzahl musst du subtrahieren, damit du 11,22 als Ergebnis erhältst? Jede Dezimalzahl darf nur einmal verwendet werden.**

25,93 25,23 41,58 30,36

14,71 10,41 38,49 28,03

21,63 49,71 36,45 39,25

① 25,93 – ______________ = 11,22

② 41,58 – ______________ = 11,22

③ 36,45 – ______________ = 11,22

④ 21,63 – ______________ = 11,22

⑤ 49,71 – ______________ = 11,22

⑥ 39,25 – ______________ = 11,22

**Die Schnecke frisst im Uhrzeigersinn die Blätter ab. Wenn du alle Aufgaben richtig gelöst hast, erhältst du die Reaktion des Gärtners.**

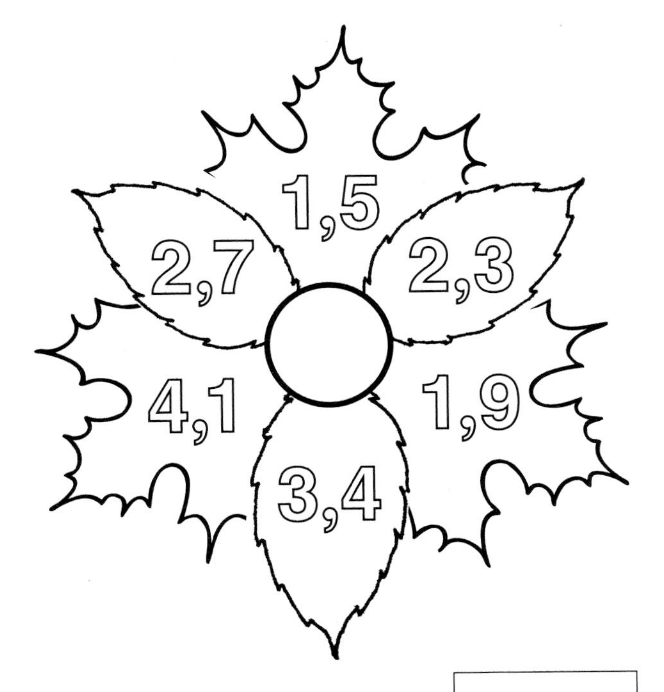


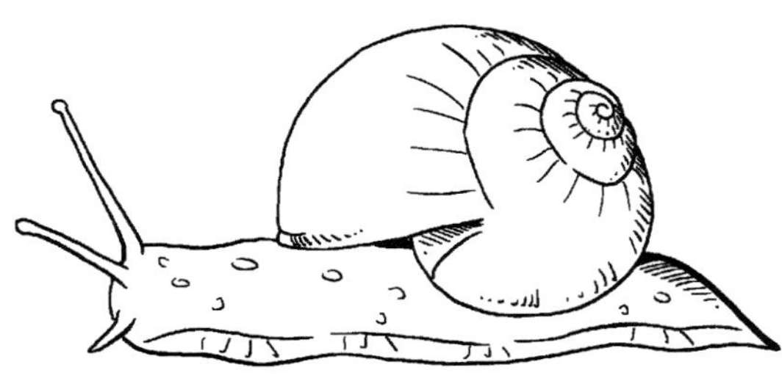

? – 0,3 + 0,8 – 0,4 + 0,6

| S 3 | E 2,2 | A 4,8 | C 2,6 | H 4,1 | D 3,4 |
|---|---|---|---|---|---|

① ______________________________

② ______________________________

③ ______________________________

④ ______________________________

⑤ ______________________________

⑥ ______________________________

Die Reaktion des Gärtners war:

| 1 | 2 | 3 | 4 | 5 | 6 |
|---|---|---|---|---|---|
| | | | | | |

**Überlege dir je eine Additions- und Subtraktionsaufgabe, die die angegebene Dezimalzahl als Ergebnis hat.**

Beispiel: 5,8 = 3,4 + 2,4 5,8 = 8,9 – 3,1

① 4,7 = ________ + ________ 4,7 = ________ – ________

② 6,4 = ________ + ________ 6,4 = ________ – ________

③ 3,9 = ________ + ________ 3,9 = ________ – ________

④ 7,2 = ________ + ________ 7,2 = ________ – ________

⑤ 5,6 = ________ + ________ 5,6 = ________ – ________

⑥ 8,3 = ________ + ________ 8,3 = ________ – ________

**Mia, Eva, Max und Tom wollen sich aus Holzleisten Namensschilder basteln. Was kostet das Namensschild für jeden, wenn die Stückpreise für die Holzleisten wie folgt sind?**

MIA ______________________________

EVA ______________________________

UWE ______________________________

TOM ______________________________

**Multipliziere die Dezimalzahlen. Male die Luftballons mit den richtigen Ergebnissen farbig an. Vier Ballons bleiben weiß.**

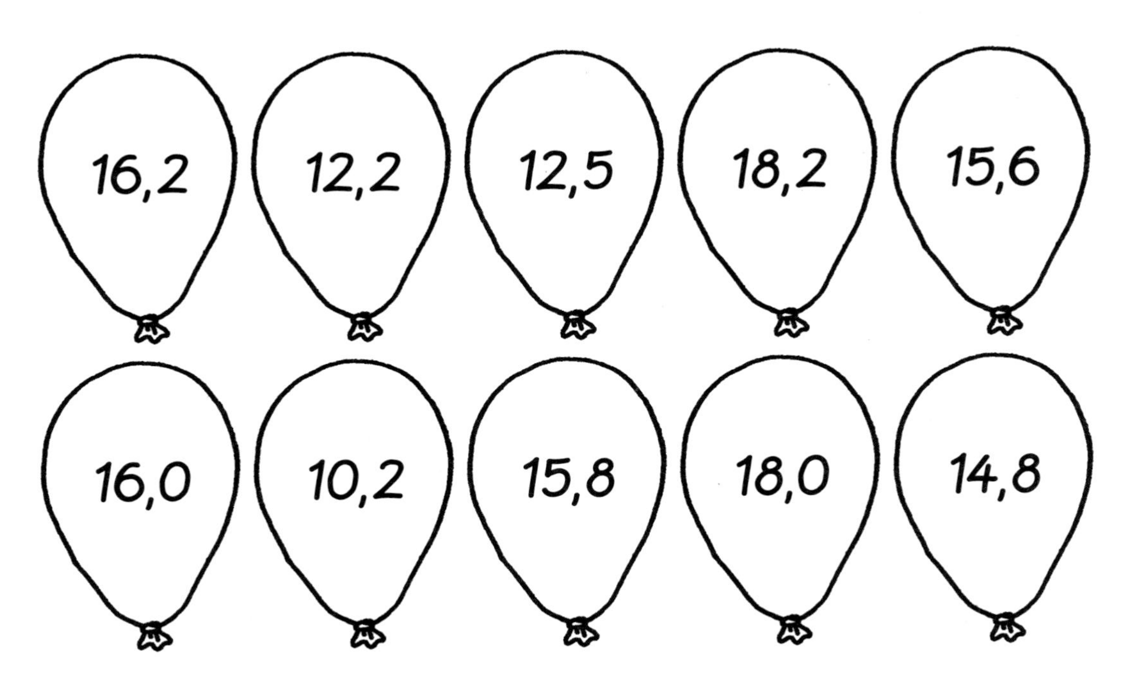


① $8{,}1 \cdot 2$ = ____________________

② $3{,}4 \cdot 3$ = ____________________

③ $2{,}5 \cdot 5$ = ____________________

④ $1{,}6 \cdot 10$ = ____________________

⑤ $7{,}4 \cdot 2$ = ____________________

⑥ $3{,}9 \cdot 4$ = ____________________

## Dezimalzahlen dividieren

**Dividiere die Dezimalzahlen. Wenn du alle Aufgaben richtig gelöst hast, erhältst du ein Lösungswort.**

A 5,04

H 1,36

S 3,4

D 3,4

G 1,26

E 0,857

L 2,58

C 2,6

Z 12,4

F 12,6

T 0,324

M 8,57

N 3,245

① 24,8 : 2 = ____________

② 25,2 : 5 = ____________

③ 13,6 : 10 = ____________

④ 10,32 : 4 = ____________

⑤ 8,57 : 10 = ____________

⑥ 6,49 : 2 = ____________

Lösungswort:

| 1 | 2 | 3 | 4 | 5 | 6 |
|---|---|---|---|---|---|
| | | | | | |

# Hürdenlauf mit Dezimalzahlen

**Welche Zahl muss im Zielfeld stehen? Berechne und notiere.**

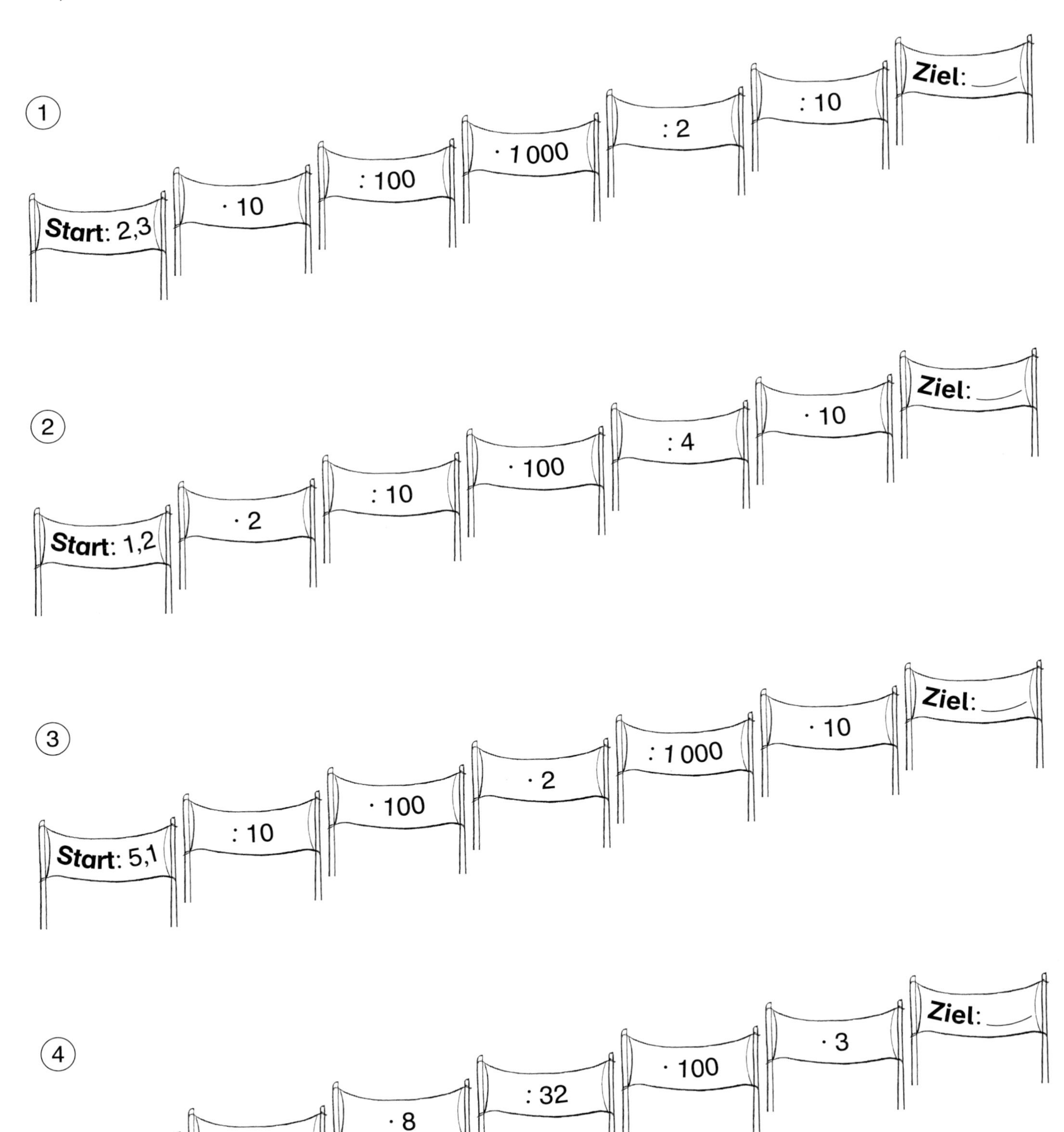

## Angebote vergleichen

**Welches Angebot ist im Vergleich günstiger? Vergleiche die Preise und kreuze das günstigste Angebot an.**

① 

☐ 5 Stifte 4,50 €
☐ 1 Stift 0,95 €

② 

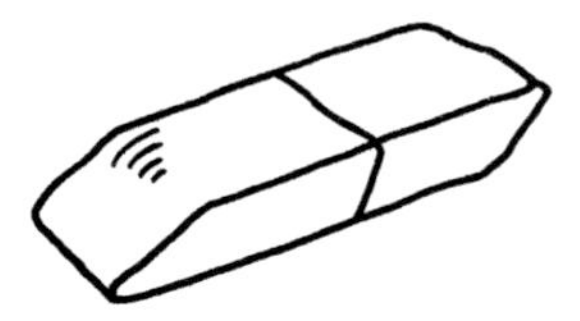

☐ 3 Radiergummis 2,30 €
☐ 2 Radiergummis 1,50 €

③ 

☐ 20 Tintenpatronen 0,90 €
☐ 100 Tintenpatronen 3,99 €

④ 

☐ 10 Hefte 5,90 €
☐ 3 Hefte 1,70 €

⑤ 

☐ 20 Klammern 0,99 €
☐ 100 Klammern 4,99 €

⑥ 

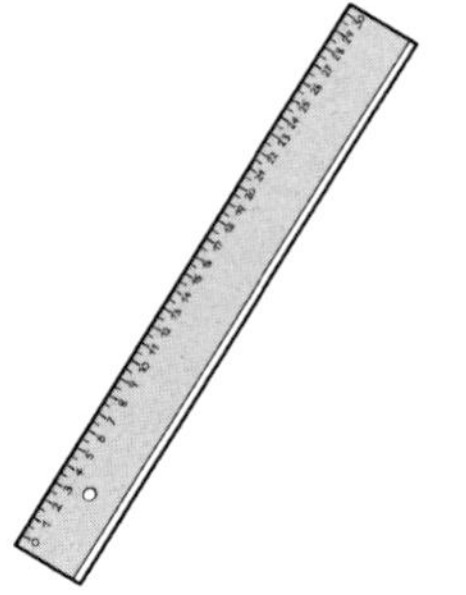

☐ 2 Lineale 1,55 €
☐ 1 Lineal 0,79 €

Brüche erkennen I
Brüche
Notiere, welcher Bruch hier dargestellt ist.
1/5
3/5
5/6
1/6
3/7
5/7
© Persen Verlag
1
Brüche erkennen II
Brüche
Welcher Bruch ist hier dargestellt? Notiere.
2 2/5
1 1/4
1 2/3
2 3/4
1 1/2
2 1/3
© Persen Verlag
2
Brüche einzeichnen I
Brüche
Färbe den angegebenen Bruchteil ein.
4/5
2/3
2/5
5/8
1/4
7/8
© Persen Verlag
3
Brüche einzeichnen II
Brüche
Schraffiere den angegebenen Bruchteil farbig.
2 1/2
1 3/4
2 3/5
1 1/3
1 5/6
© Persen Verlag
4

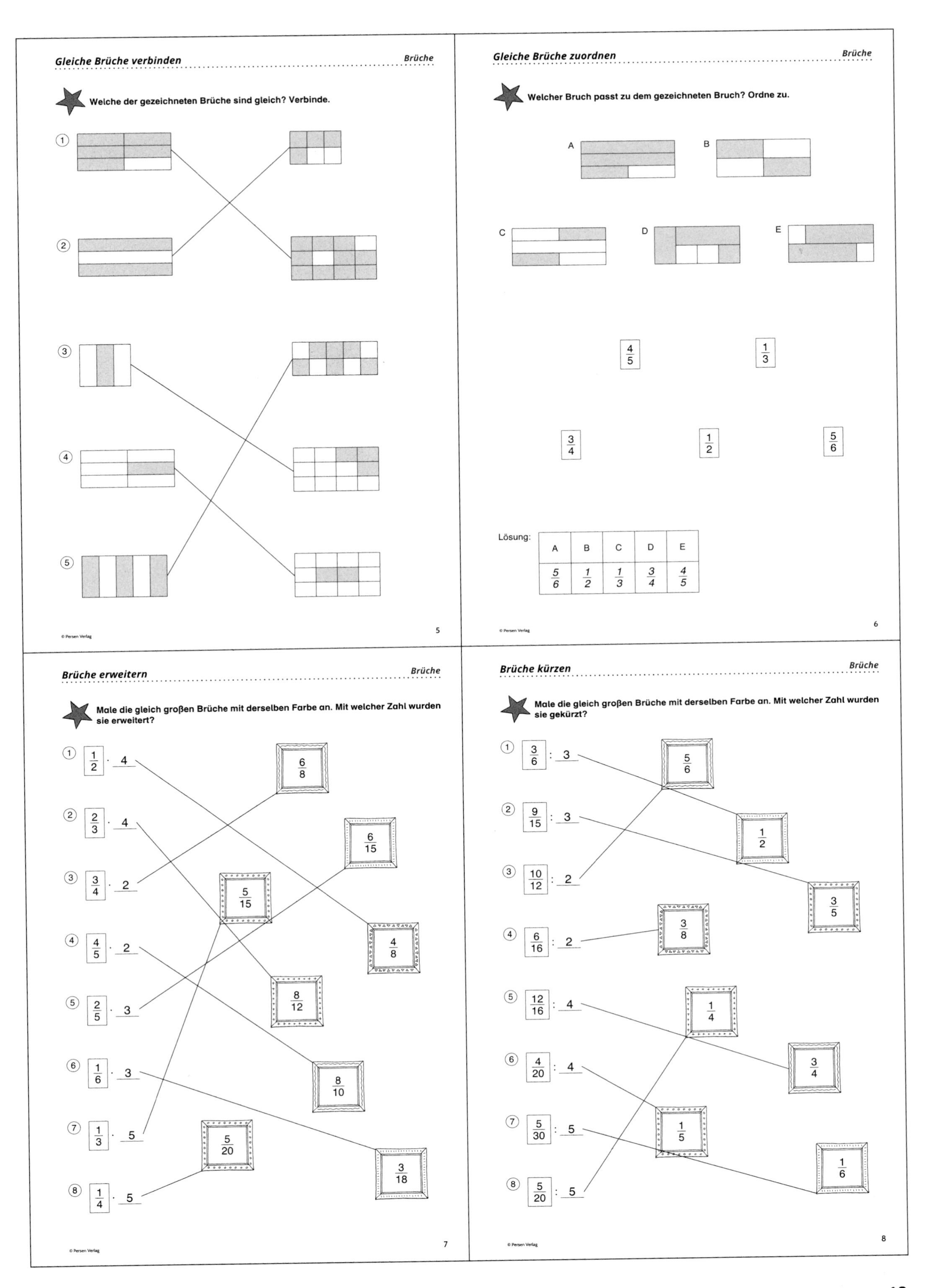
Gleiche Brüche verbinden
Brüche
Welche der gezeichneten Brüche sind gleich? Verbinde.
© Persen Verlag
5
Gleiche Brüche zuordnen
Brüche
Welcher Bruch passt zu dem gezeichneten Bruch? Ordne zu.
A
B
C
D
E
4/5
1/3
3/4
1/2
5/6
Lösung:
A B C D E
5/6 1/2 1/3 3/4 4/5
© Persen Verlag
6
Brüche erweitern
Brüche
Male die gleich großen Brüche mit derselben Farbe an. Mit welcher Zahl wurden sie erweitert?
1/2 · 4
2/3 · 4
3/4 · 2
4/5 · 2
2/5 · 3
1/6 · 3
1/3 · 5
1/4 · 5
6/8
6/15
5/15
4/8
8/12
8/10
5/20
3/18
© Persen Verlag
7
Brüche kürzen
Brüche
Male die gleich großen Brüche mit derselben Farbe an. Mit welcher Zahl wurden sie gekürzt?
3/6 : 3
9/15 : 3
10/12 : 2
6/16 : 2
12/16 : 4
4/20 : 4
5/30 : 5
5/20 : 5
5/6
1/2
3/5
3/8
1/4
3/4
1/5
1/6
© Persen Verlag
8

## Unechte Brüche als gemischte Zahl schreiben

Brüche

**Schreibe die unechten Brüche als gemischte Zahl.**

① $\frac{9}{4} = 2\frac{1}{4}$

② $\frac{4}{3} = 1\frac{1}{3}$

③ $\frac{7}{6} = 1\frac{1}{6}$

④ $\frac{7}{3} = 2\frac{1}{3}$

⑤ $\frac{11}{6} = 1\frac{5}{6}$

⑥ $\frac{11}{4} = 2\frac{3}{4}$





## Gleiche Brüche erkennen

Brüche

**Male die gleich großen Brüche mit derselben Farbe an.**
**Welcher Bruch bleibt übrig? Notiere.**

① $\frac{6}{3}$ — $\frac{14}{7}$

② $\frac{5}{4}$ — $1\frac{1}{4}$

③ $\frac{9}{4}$ — $2\frac{1}{4}$

④ $\frac{5}{3}$ — $1\frac{2}{3}$

⑤ $\frac{11}{5}$ — $2\frac{1}{5}$

⑥ $\frac{7}{5}$ — $1\frac{2}{5}$

Bilderrahmen: $2\frac{1}{4}$, $\frac{1}{3}$, $1\frac{2}{5}$, $2\frac{1}{5}$, $\frac{14}{7}$, $1\frac{2}{3}$, $1\frac{1}{4}$

Lösung: Übrig bleibt $\frac{1}{3}$.





## Brüche addieren und subtrahieren

Brüche

**Kreuze die richtigen Aussagen an.**

- [x] Gleichnamige Brüche werden addiert, indem man die Zähler addiert und den Nenner beibehält.
- [ ] Ungleichnamige Brüche werden addiert, indem man die Zähler subtrahiert und den Nenner beibehält.
- [ ] Gleichnamige Brüche werden addiert, indem man die Zähler und Nenner addiert.
- [ ] Ungleichnamige Brüche werden addiert, indem man die Zähler und Nenner addiert.
- [x] Ungleichnamige Brüche müssen vor dem Addieren und Subtrahieren gleichnamig gemacht werden.
- [ ] Gleichnamige Brüche werden subtrahiert, indem man die Zähler und Nenner subtrahiert.





## Hauptnenner suchen

Brüche

**Wie lautet der jeweilige Hauptnenner der beiden Brüche? Notiere.**

① $\frac{1}{5}$ und $\frac{1}{2}$ → HN: 10

② $\frac{1}{2}$ und $\frac{2}{3}$ → HN: 6

③ $\frac{5}{8}$ und $\frac{1}{4}$ → HN: 8

④ $\frac{1}{4}$ und $\frac{1}{3}$ → HN: 12

⑤ $\frac{2}{3}$ und $\frac{7}{9}$ → HN: 9

⑥ $\frac{1}{2}$ und $\frac{3}{4}$ → HN: 4

## Fehler beim Addieren und Subtrahieren von Brüchen

Brüche

**Hier haben sich in jedem Ergebnis Fehler eingeschlichen. Erkläre, was jeweils falsch gemacht wurde und verbessere.**

① $\frac{2}{5} - \frac{1}{3} = \frac{1}{2}$   *richtig ist: $\frac{6}{15} - \frac{5}{15} = \frac{1}{15}$*

*Zähler und Nenner wurden subtrahiert statt gleichnamig gemacht.*

② $\frac{2}{7} + \frac{3}{7} = \frac{5}{14}$   *richtig ist: $\frac{5}{7}$*

*Statt nur die zwei Zähler zu addieren und den Nenner beizubehalten, wurden auch die Nenner addiert.*

③ $\frac{3}{5} - \frac{1}{5} = 2$   *richtig ist: $\frac{2}{5}$*

*Statt nur die zwei Zähler zu subtrahieren und den Nenner beizubehalten, wurden auch die Nenner subtrahiert.*

④ $\frac{2}{3} + \frac{1}{2} = \frac{1}{6}$   *richtig ist: $\frac{4}{6} + \frac{3}{6} = \frac{7}{6} = 1\frac{1}{6}$*

*Die Ganzen wurden vergessen zu notieren.*

⑤ $\frac{3}{4} - \frac{1}{2} = \frac{2}{2}$   *richtig ist: $\frac{3}{4} - \frac{2}{4} = \frac{1}{4}$*

*Zähler und Nenner wurden subtrahiert statt gleichnamig gemacht.*

⑥ $\frac{1}{4} + \frac{1}{3} = \frac{5}{12}$   *richtig ist: $\frac{3}{12} + \frac{4}{12} = \frac{7}{12}$*

*Nachdem die Nenner gleichnamig gemacht wurden, wurden die Zähler falsch addiert.*





## Fehler beim Multiplizieren von Brüchen

Brüche

**Hier haben sich einige Fehler eingeschlichen. Finde und verbessere sie.**

① $\frac{4}{5} \cdot \frac{2}{3} = \frac{8}{15}$   *richtig*

② $\frac{1}{2} \cdot \frac{4}{5} = \frac{5}{17}$   *falsch $\frac{4}{10} = \frac{2}{5}$*

③ $\frac{3}{4} \cdot \frac{5}{6} = \frac{15}{10}$   *falsch $\frac{15}{24} = \frac{5}{8}$*

④ $\frac{5}{6} \cdot \frac{1}{3} = \frac{6}{18}$   *falsch $\frac{5}{18}$*

⑤ $\frac{1}{5} \cdot \frac{5}{4} = \frac{1}{4}$   *richtig*

⑥ $\frac{4}{2} \cdot \frac{3}{8} = \frac{3}{4}$   *richtig*





## Kehrwert bilden

Brüche

**Wie lautet der Kehrwert dieser Brüche? Notiere und schreibe wenn möglich als ganze Zahl oder gemischten Bruch.**

① $\frac{2}{3}$ → *KW: $\frac{3}{2} = 1\frac{1}{2}$*

② $\frac{1}{4}$ → *KW: $\frac{4}{1} = 4$*

③ $\frac{5}{6}$ → *KW: $\frac{6}{5} = 1\frac{1}{5}$*

④ $\frac{4}{5}$ → *KW: $\frac{5}{4} = 1\frac{1}{4}$*

⑤ $\frac{6}{7}$ → *KW: $\frac{7}{6} = 1\frac{1}{6}$*

⑥ $\frac{3}{2}$ → *KW: $\frac{2}{3}$*





## Brüche dividieren

Brüche

**Wie kommt das Ergebnis zustande? Vervollständige den Rechenweg.**

① $\frac{3}{4} : \frac{4}{5} = \frac{3}{4} \cdot \frac{\boxed{5}}{4} = \frac{15}{16}$

② $\frac{1}{3} : \frac{2}{3} = \frac{\boxed{1}}{3} \cdot \frac{3}{2} = \frac{1}{2}$

③ $\frac{4}{7} : \frac{1}{2} = \frac{4}{7} \cdot \frac{\boxed{2}}{1} = \frac{8}{7} = 1\frac{1}{7}$

④ $\frac{8}{9} : \frac{1}{3} = \frac{8}{9} \cdot \frac{\boxed{3}}{1} = 2\frac{2}{3}$

⑤ $\frac{3}{5} : \frac{1}{2} = \frac{\boxed{3}}{5} \cdot \frac{2}{1} = 1\frac{1}{5}$

⑥ $\frac{1}{6} : \frac{5}{6} = \frac{\boxed{1}}{6} \cdot \frac{\boxed{6}}{5} = \frac{1}{5}$

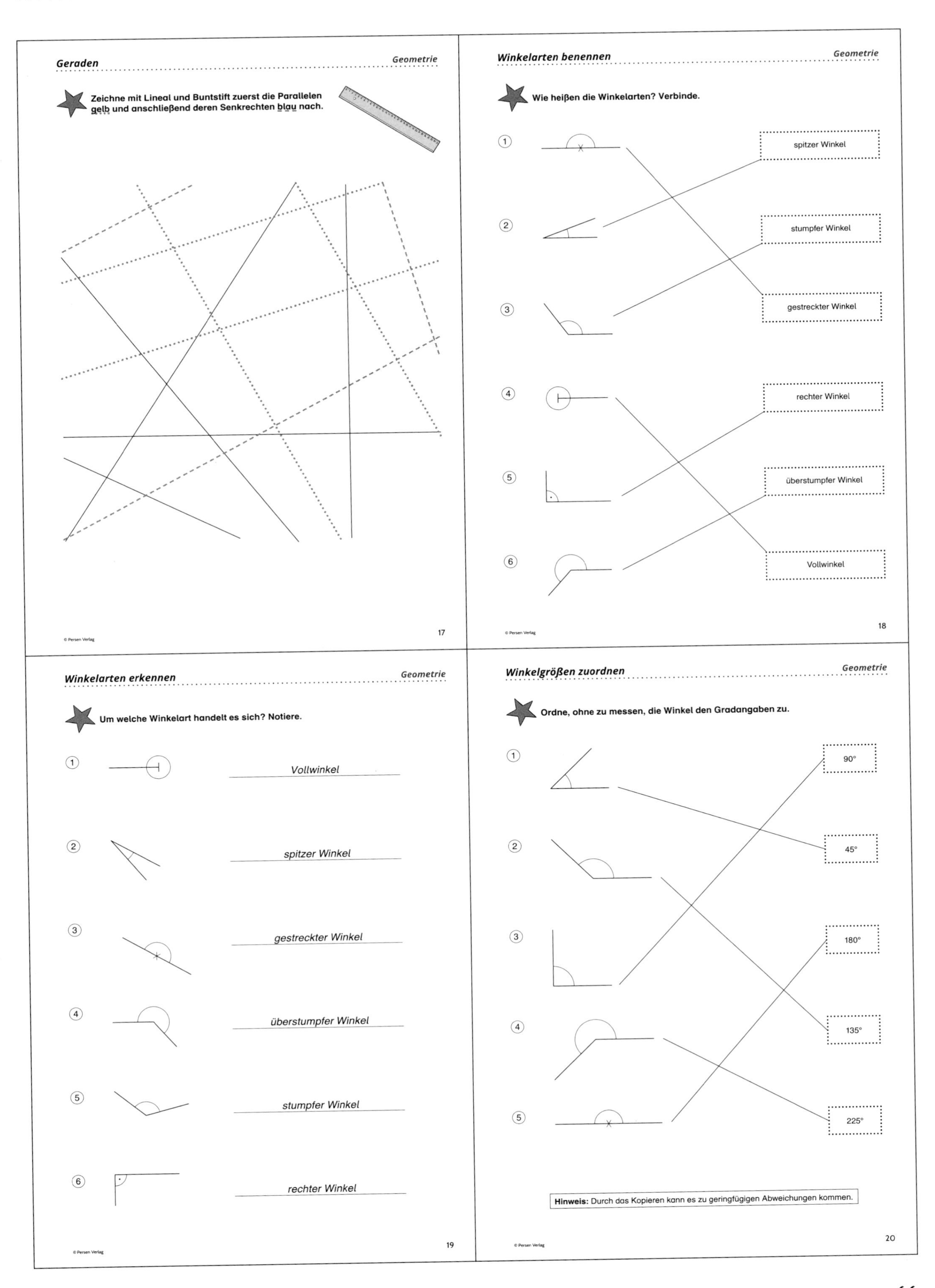
Geraden
Geometrie
Zeichne mit Lineal und Buntstift zuerst die Parallelen gelb und anschließend deren Senkrechten blau nach.
© Persen Verlag
17
Winkelarten benennen
Geometrie
Wie heißen die Winkelarten? Verbinde.
1
2
3
4
5
6
spitzer Winkel
stumpfer Winkel
gestreckter Winkel
rechter Winkel
überstumpfer Winkel
Vollwinkel
© Persen Verlag
18
Winkelarten erkennen
Geometrie
Um welche Winkelart handelt es sich? Notiere.
1
Vollwinkel
2
spitzer Winkel
3
gestreckter Winkel
4
überstumpfer Winkel
5
stumpfer Winkel
6
rechter Winkel
© Persen Verlag
19
Winkelgrößen zuordnen
Geometrie
Ordne, ohne zu messen, die Winkel den Gradangaben zu.
1
2
3
4
5
90°
45°
180°
135°
225°
Hinweis: Durch das Kopieren kann es zu geringfügigen Abweichungen kommen.
© Persen Verlag
20

## Winkel messen

Geometrie

Schätze: Wie groß ist der Winkel? Miss nach und notiere.

1. 100°
2. 60°
3. 160°
4. 40°
5. 140°

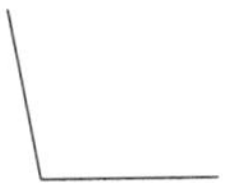

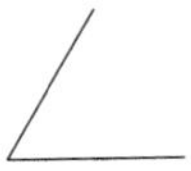

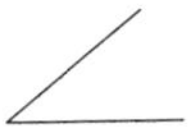

## Musterkombinationen

Geometrie

Ordne die fehlenden Teile richtig zu.

A

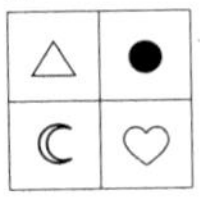

| | |
|---|---|
| △ | ● |
| ☾ | ♡ |

B

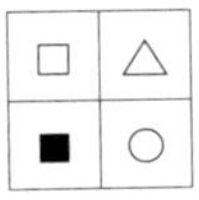

| | |
|---|---|
| □ | △ |
| ■ | ○ |

C

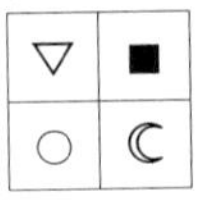

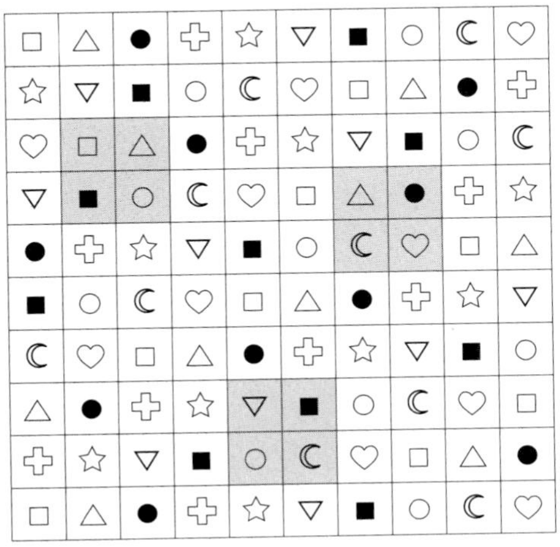

| | |
|---|---|
| ▽ | ■ |
| ○ | ☾ |

| | | | | | | | | | |
|---|---|---|---|---|---|---|---|---|---|
| □ | △ | ● | ✣ | ☆ | ▽ | ■ | ○ | ☾ | ♡ |
| ☆ | ▽ | ■ | ○ | ☾ | ♡ | □ | △ | ● | ✣ |
| ♡ | □ | △ | ● | ✣ | ☆ | ▽ | ■ | ○ | ☾ |
| ▽ | ■ | ○ | ☾ | ♡ | □ | △ | ● | ✣ | ☆ |
| ● | ✣ | ☆ | ▽ | ■ | ○ | ☾ | ♡ | □ | △ |
| ■ | ○ | ☾ | ♡ | □ | △ | ● | ✣ | ☆ | ▽ |
| ☾ | ♡ | □ | △ | ● | ✣ | ☆ | ▽ | ■ | ○ |
| △ | ● | ✣ | ☆ | ▽ | ■ | ○ | ☾ | ♡ | □ |
| ✣ | ☆ | ▽ | ■ | ○ | ☾ | ♡ | □ | △ | ● |
| □ | △ | ● | ✣ | ☆ | ▽ | ■ | ○ | ☾ | ♡ |





## Koordinaten benennen

Geometrie

Welche Koordinaten haben die Punkte? Notiere.

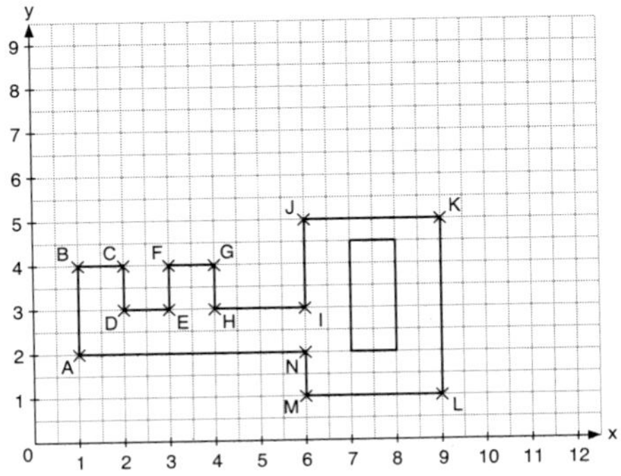

| | | | |
|---|---|---|---|
| A | (1\|2) | B | (1\|4) |
| C | (2\|4) | D | (2\|3) |
| E | (3\|3) | F | (3\|4) |
| G | (4\|4) | H | (4\|3) |
| I | (6\|3) | J | (6\|5) |
| K | (9\|5) | L | (9\|1) |
| M | (6\|1) | N | (6\|2) |





## Koordinaten eintragen

Geometrie

Trage folgende Koordinaten in das Koordinatensystem ein und verbinde die Punkte von A bis J.

A (2|1)
B (6,5|2,5)
C (7,5|4,5)
D (5,5|5,5)
E (1|4)
F (1,5|2)
G (5|3)
H (5,5|4)
I (4,5|4,5)
J (2,5|3,5)

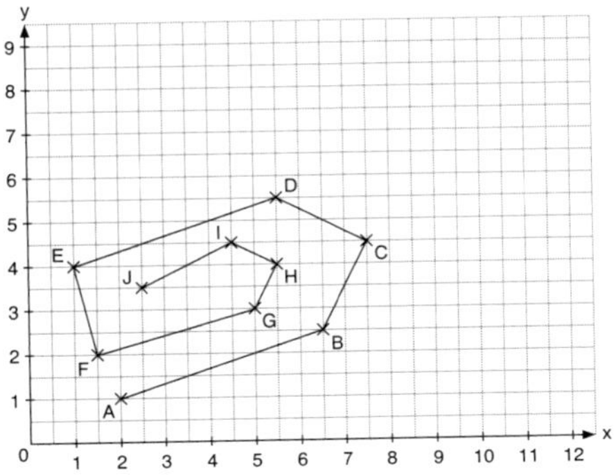

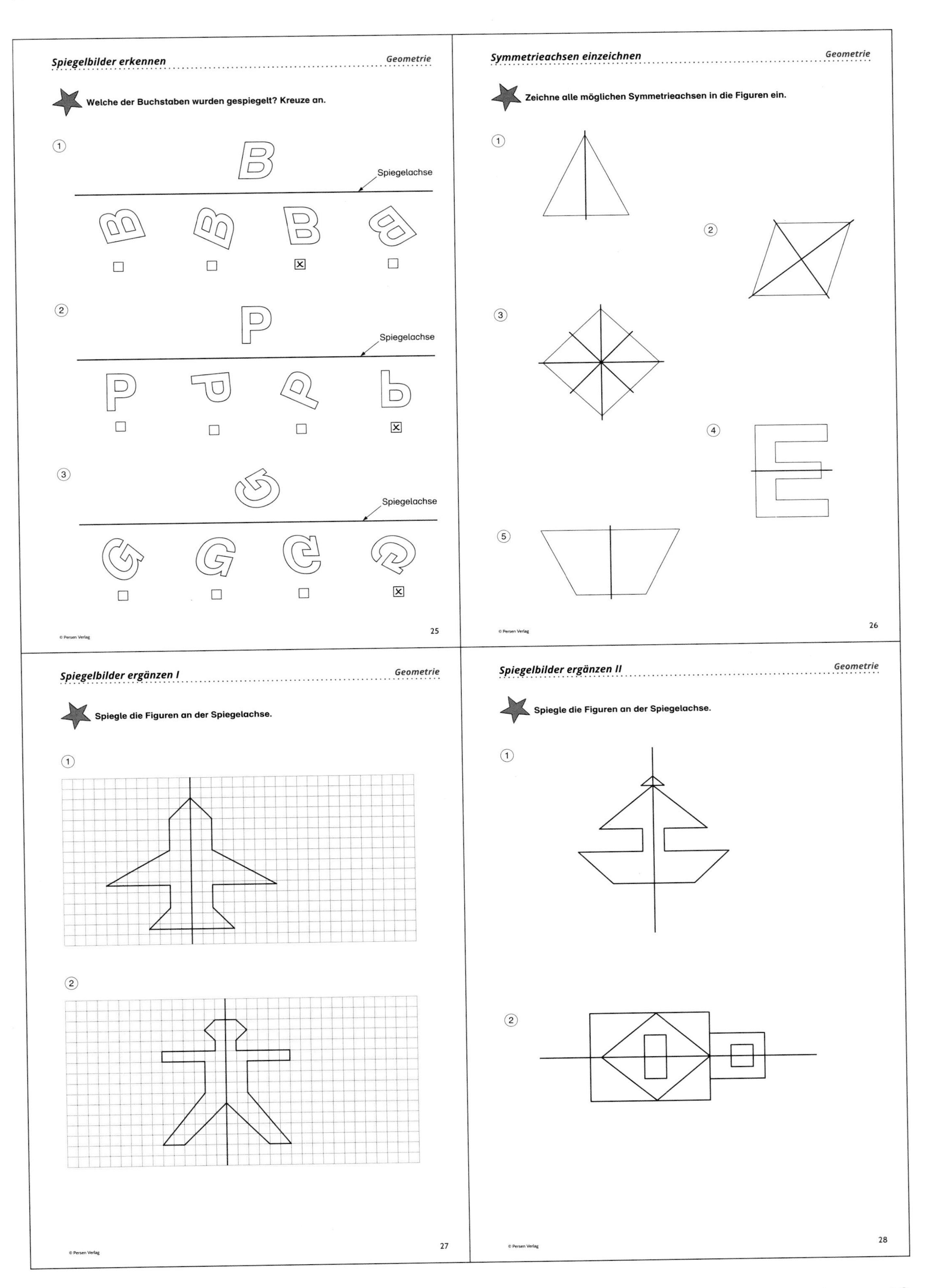

Spiegelbilder erkennen
Geometrie
Welche der Buchstaben wurden gespiegelt? Kreuze an.
1
Spiegelachse
2
Spiegelachse
3
Spiegelachse
© Persen Verlag
25
Symmetrieachsen einzeichnen
Geometrie
Zeichne alle möglichen Symmetrieachsen in die Figuren ein.
1
2
3
4
5
© Persen Verlag
26
Spiegelbilder ergänzen I
Geometrie
Spiegle die Figuren an der Spiegelachse.
1
2
© Persen Verlag
27
Spiegelbilder ergänzen II
Geometrie
Spiegle die Figuren an der Spiegelachse.
1
2
© Persen Verlag
28

## Eigenschaften von Rechteck und Quadrat

Geometrie

**Welche der Aussagen treffen auf Rechteck, Quadrat oder keine der beiden Figuren zu? Kreuze an.**

| | Rechteck | Quadrat | unzutreffend |
|---|---|---|---|
| Alle Seiten sind gleich lang. | | X | |
| Gegenüberliegende Seiten sind parallel. | X | X | |
| Zwei Winkel sind unterschiedlich groß. | | | X |
| Die Seiten stehen senkrecht zueinander. | X | X | |
| Die Seiten a und b sind unterschiedlich lang. | X | | |
| Es gibt nur eine Symmetrieachse. | | | X |





## Rechtecke und Quadrate suchen

Geometrie

**Sieh dich in deinem Klassenzimmer genau um. Welche Rechtecke und Quadrate kannst du erkennen? Notiere.**

| Rechtecke | Quadrate |
|---|---|
| Beispiele | Beispiele |
| Heft | ein Tafelflügel |
| Ordner | Steckdose |
| Schreibblock | Bild |
| Buch | Kasten |
| Fenster | |
| Tafel | |
| Kalender | |





## Betrachte genau

Geometrie

**Wie viele Kreise, Dreiecke und Quadrate sind auf dem Bild? Notiere.**

Anzahl der Kreise: 12

Anzahl der Dreiecke: 9

Anzahl der Quadrate: 13

## Gedächtnismeister gesucht

Geometrie

**Betrachte das Bild zwei Minuten ganz genau. Verdecke es anschließend und beantworte die untenstehenden Fragen.**

Wo liegt das schwarze Dreieck? mittig

Wie viele Quadrate sind zu sehen? 6

Was befindet sich links neben der oberen Sonne? Mond

## Umfang und Flächeninhalt von Rechtecken berechnen

*Geometrie*

**Berechne mithilfe der Formeln den Umfang (U) und den Flächeninhalt (A) der Rechtecke. Wer schafft dies am schnellsten und hat alles richtig?**

| | 1 | 2 | 3 | 4 | 5 | 6 |
|---|---|---|---|---|---|---|
| a | 2 cm | 4 cm | 3 cm | 4 cm | 6 cm | 2 cm |
| b | 3 cm | 3 cm | 5 cm | 5 cm | 5 cm | 4 cm |

① $U = 2 \cdot (a + b)$
*$U = 2 \cdot (2\text{ cm} + 3\text{ cm})$*
*$U = 10\text{ cm}$*
$A = a \cdot b$
*$A = 2\text{ cm} \cdot 3\text{ cm}$*
*$A = 6\text{ cm}^2$*

② $U = 2 \cdot (a + b)$
*$U = 2 \cdot (4\text{ cm} + 3\text{ cm})$*
*$U = 14\text{ cm}$*
$A = a \cdot b$
*$A = 4\text{ cm} \cdot 3\text{ cm}$*
*$A = 12\text{ cm}^2$*

③ $U = 2 \cdot (a + b)$
*$U = 2 \cdot (3\text{ cm} + 5\text{ cm})$*
*$U = 16\text{ cm}$*
$A = a \cdot b$
*$A = 3\text{ cm} \cdot 5\text{ cm}$*
*$A = 15\text{ cm}^2$*

④ $U = 2 \cdot (a + b)$
*$U = 2 \cdot (4\text{ cm} + 5\text{ cm})$*
*$U = 18\text{ cm}$*
$A = a \cdot b$
*$A = 4\text{ cm} \cdot 5\text{ cm}$*
*$A = 20\text{ cm}^2$*

⑤ $U = 2 \cdot (a + b)$
*$U = 2 \cdot (6\text{ cm} + 5\text{ cm})$*
*$U = 22\text{ cm}$*
$A = a \cdot b$
*$A = 6\text{ cm} \cdot 5\text{ cm}$*
*$A = 30\text{ cm}^2$*

⑥ $U = 2 \cdot (a + b)$
*$U = 2 \cdot (2\text{ cm} + 4\text{ cm})$*
*$U = 12\text{ cm}$*
$A = a \cdot b$
*$A = 2\text{ cm} \cdot 4\text{ cm}$*
*$A = 8\text{ cm}^2$*




## Umfang und Flächeninhalt von Quadraten berechnen

*Geometrie*

**Berechne mithilfe der Formeln den Umfang (U) und den Flächeninhalt (A) der Quadrate. Wer schafft dies am schnellsten und hat alles richtig?**

| | 1 | 2 | 3 | 4 | 5 | 6 |
|---|---|---|---|---|---|---|
| a | 4 cm | 3 cm | 6 cm | 5 cm | 7 cm | 2 cm |

① $U = 4 \cdot a$
*$U = 4 \cdot 4\text{ cm}$*
*$U = 16\text{ cm}$*
$A = a \cdot a$
*$A = 4\text{ cm} \cdot 4\text{ cm}$*
*$A = 16\text{ cm}^2$*

② $U = 4 \cdot a$
*$U = 4 \cdot 3\text{ cm}$*
*$U = 12\text{ cm}$*
$A = a \cdot a$
*$A = 3\text{ cm} \cdot 3\text{ cm}$*
*$A = 9\text{ cm}^2$*

③ $U = 4 \cdot a$
*$U = 4 \cdot 6\text{ cm}$*
*$U = 24\text{ cm}$*
$A = a \cdot a$
*$A = 6\text{ cm} \cdot 6\text{ cm}$*
*$A = 36\text{ cm}^2$*

④ $U = 4 \cdot a$
*$U = 4 \cdot 5\text{ cm}$*
*$U = 20\text{ cm}$*
$A = a \cdot a$
*$A = 5\text{ cm} \cdot 5\text{ cm}$*
*$A = 25\text{ cm}^2$*

⑤ $U = 4 \cdot a$
*$U = 4 \cdot 7\text{ cm}$*
*$U = 28\text{ cm}$*
$A = a \cdot a$
*$A = 7\text{ cm} \cdot 7\text{ cm}$*
*$A = 49\text{ cm}^2$*

⑥ $U = 4 \cdot a$
*$U = 4 \cdot 2\text{ cm}$*
*$U = 8\text{ cm}$*
$A = a \cdot a$
*$A = 2\text{ cm} \cdot 2\text{ cm}$*
*$A = 4\text{ cm}^2$*




## Eigenschaften von geometrischen Körpern bestimmen

*Geometrie*

**Vervollständige die Tabelle.**

| | Anzahl der Kanten | Anzahl der Ecken | Anzahl der Flächen |
|---|---|---|---|
| Quader | *12* | *8* | *6* |
| Würfel | *12* | *8* | *6* |
| Pyramide | *8* | *5* | *5* |
| Zylinder | *2* | *0* | *3* |
| Kegel | *1* | *1* | *2* |




## Geometrische-Körper-Rätsel

*Geometrie*

**Welche geometrischen Körper können das sein? Notiere.**

① Mein Körper hat gewölbte Flächen.
*Zylinder, Kegel, Kugel*

② Mein Körper hat sechs ebene Flächen.
*Würfel, Quader*

③ Mein Körper hat nur eine Ecke.
*Kegel*

④ Mein Körper hat keine Ecke.
*Kugel, Zylinder*

⑤ Mein Körper hat fünf ebene Flächen.
*Dreiecksäule, Pyramide*

⑥ Mein Körper hat sechs Ecken.
*Dreiecksäule*

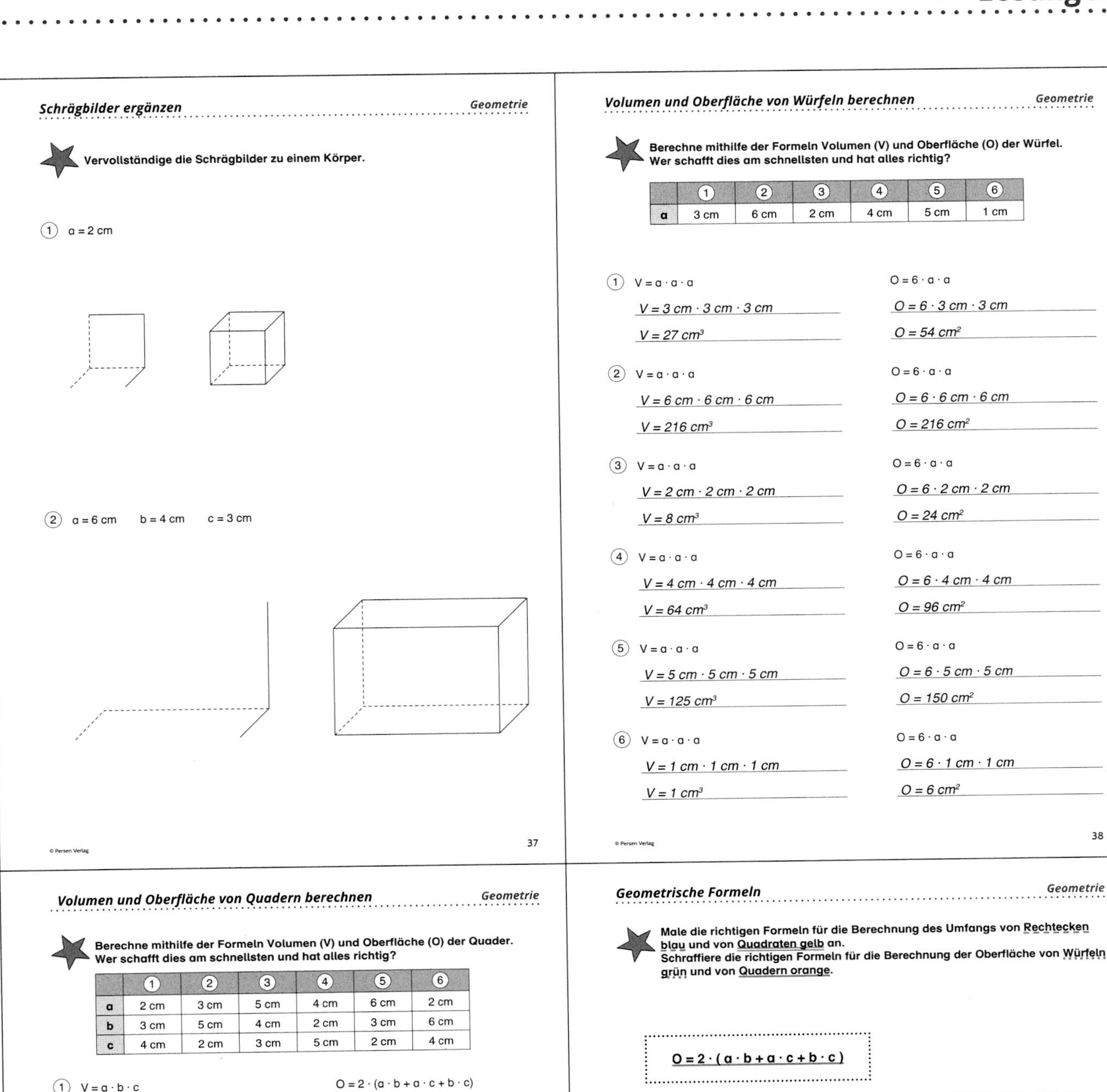

### Schrägbilder ergänzen
Geometrie

Vervollständige die Schrägbilder zu einem Körper.

① $a = 2$ cm

② $a = 6$ cm  $b = 4$ cm  $c = 3$ cm





### Volumen und Oberfläche von Würfeln berechnen
Geometrie

Berechne mithilfe der Formeln Volumen (V) und Oberfläche (O) der Würfel.
Wer schafft dies am schnellsten und hat alles richtig?

| | 1 | 2 | 3 | 4 | 5 | 6 |
|---|---|---|---|---|---|---|
| a | 3 cm | 6 cm | 2 cm | 4 cm | 5 cm | 1 cm |

① $V = a \cdot a \cdot a$  $O = 6 \cdot a \cdot a$
$V = 3\text{ cm} \cdot 3\text{ cm} \cdot 3\text{ cm}$  $O = 6 \cdot 3\text{ cm} \cdot 3\text{ cm}$
$V = 27\text{ cm}^3$  $O = 54\text{ cm}^2$

② $V = a \cdot a \cdot a$  $O = 6 \cdot a \cdot a$
$V = 6\text{ cm} \cdot 6\text{ cm} \cdot 6\text{ cm}$  $O = 6 \cdot 6\text{ cm} \cdot 6\text{ cm}$
$V = 216\text{ cm}^3$  $O = 216\text{ cm}^2$

③ $V = a \cdot a \cdot a$  $O = 6 \cdot a \cdot a$
$V = 2\text{ cm} \cdot 2\text{ cm} \cdot 2\text{ cm}$  $O = 6 \cdot 2\text{ cm} \cdot 2\text{ cm}$
$V = 8\text{ cm}^3$  $O = 24\text{ cm}^2$

④ $V = a \cdot a \cdot a$  $O = 6 \cdot a \cdot a$
$V = 4\text{ cm} \cdot 4\text{ cm} \cdot 4\text{ cm}$  $O = 6 \cdot 4\text{ cm} \cdot 4\text{ cm}$
$V = 64\text{ cm}^3$  $O = 96\text{ cm}^2$

⑤ $V = a \cdot a \cdot a$  $O = 6 \cdot a \cdot a$
$V = 5\text{ cm} \cdot 5\text{ cm} \cdot 5\text{ cm}$  $O = 6 \cdot 5\text{ cm} \cdot 5\text{ cm}$
$V = 125\text{ cm}^3$  $O = 150\text{ cm}^2$

⑥ $V = a \cdot a \cdot a$  $O = 6 \cdot a \cdot a$
$V = 1\text{ cm} \cdot 1\text{ cm} \cdot 1\text{ cm}$  $O = 6 \cdot 1\text{ cm} \cdot 1\text{ cm}$
$V = 1\text{ cm}^3$  $O = 6\text{ cm}^2$





### Volumen und Oberfläche von Quadern berechnen
Geometrie

Berechne mithilfe der Formeln Volumen (V) und Oberfläche (O) der Quader.
Wer schafft dies am schnellsten und hat alles richtig?

| | 1 | 2 | 3 | 4 | 5 | 6 |
|---|---|---|---|---|---|---|
| a | 2 cm | 3 cm | 5 cm | 4 cm | 6 cm | 2 cm |
| b | 3 cm | 5 cm | 4 cm | 2 cm | 3 cm | 6 cm |
| c | 4 cm | 2 cm | 3 cm | 5 cm | 2 cm | 4 cm |

① $V = a \cdot b \cdot c$  $O = 2 \cdot (a \cdot b + a \cdot c + b \cdot c)$
$V = 2\text{ cm} \cdot 3\text{ cm} \cdot 4\text{ cm}$  $O = 2 \cdot (2 \cdot 3 + 2 \cdot 4 + 3 \cdot 4)\text{ cm}^2$
$V = 24\text{ cm}^3$  $O = 52\text{ cm}^2$

② $V = a \cdot b \cdot c$  $O = 2 \cdot (a \cdot b + a \cdot c + b \cdot c)$
$V = 3\text{ cm} \cdot 5\text{ cm} \cdot 2\text{ cm}$  $O = 2 \cdot (3 \cdot 5 + 3 \cdot 2 + 5 \cdot 2)\text{ cm}^2$
$V = 30\text{ cm}^3$  $O = 62\text{ cm}^2$

③ $V = a \cdot b \cdot c$  $O = 2 \cdot (a \cdot b + a \cdot c + b \cdot c)$
$V = 5\text{ cm} \cdot 4\text{ cm} \cdot 3\text{ cm}$  $O = 2 \cdot (5 \cdot 4 + 5 \cdot 3 + 4 \cdot 3)\text{ cm}^2$
$V = 60\text{ cm}^3$  $O = 94\text{ cm}^2$

④ $V = a \cdot b \cdot c$  $O = 2 \cdot (a \cdot b + a \cdot c + b \cdot c)$
$V = 4\text{ cm} \cdot 2\text{ cm} \cdot 5\text{ cm}$  $O = 2 \cdot (4 \cdot 2 + 4 \cdot 5 + 2 \cdot 5)\text{ cm}^2$
$V = 40\text{ cm}^3$  $O = 76\text{ cm}^2$

⑤ $V = a \cdot b \cdot c$  $O = 2 \cdot (a \cdot b + a \cdot c + b \cdot c)$
$V = 6\text{ cm} \cdot 3\text{ cm} \cdot 2\text{ cm}$  $O = 2 \cdot (6 \cdot 3 + 6 \cdot 2 + 3 \cdot 2)\text{ cm}^2$
$V = 36\text{ cm}^3$  $O = 72\text{ cm}^2$

⑥ $V = a \cdot b \cdot c$  $O = 2 \cdot (a \cdot b + a \cdot c + b \cdot c)$
$V = 2\text{ cm} \cdot 6\text{ cm} \cdot 4\text{ cm}$  $O = 2 \cdot (2 \cdot 6 + 2 \cdot 4 + 6 \cdot 4)\text{ cm}^2$
$V = 48\text{ cm}^3$  $O = 88\text{ cm}^2$





### Geometrische Formeln
Geometrie

Male die richtigen Formeln für die Berechnung des Umfangs von Rechtecken blau und von Quadraten gelb an.
Schraffiere die richtigen Formeln für die Berechnung der Oberfläche von Würfeln grün und von Quadern orange.

$O = 2 \cdot (a \cdot b + a \cdot c + b \cdot c)$

$O = 4 \cdot (a + b)$

$u = 6 \cdot a$

$u = 4 \cdot a$

$u = a \cdot b$

$O = 4 \cdot a \cdot a$

$O = 6 \cdot a \cdot a$

$O = a \cdot b + a \cdot c + b \cdot c$

$u = 2 \cdot (a + b)$

## Längenmaße umwandeln

Geometrie

Beim Sportfest wurde der Sieger im Weitsprung ermittelt. Wer sprang am weitesten? Wandle alles in Meter um.

1. Paul: 0,00353 km = *3,53 m*
2. Tim: 1 m 235 cm = *3,35 m*
3. Ben: 3053 mm = *3,053 m*
4. Felix: 2 m 10,35 dm = *3,035 m*
5. Leo: 1 m 2053 mm = *3,053 m*
6. Uwe: 2 m 10 dm 35 mm = *3,035 m*

*Paul* sprang am weitesten.



41

## Gewichte umwandeln

Geometrie

Im Zoo hat es vor einiger Zeit Nachwuchs bei den Raubkatzen gegeben. Welches Tierbaby wiegt am wenigsten? Wandle alles in kg um.

1. Tiger: 0,0065 t = *6,5 kg*
2. Gepard: 0,006 t 50 g = *6,05 kg*
3. Leopard: 4 kg 2050 g = *6,05 kg*
4. Panther: 6500 g = *6,5 kg*
5. Luchs: 6 kg 5000 mg = *6,005 kg*
6. Löwe: 4 kg 2550 g = *6,55 kg*

*Der Luchs* wiegt am wenigsten.



42

## Zeitangaben umwandeln

Geometrie

Die Mädchenclique veranstaltete ein Radrennen. Wer schaffte die 40 km mit dem Rad am schnellsten? Wandle alles in Minuten um.

1. Mia: 3 h 36 min = *216 min*
2. Eva: 210 min 150 s = *212,5 min*
3. Lea: 3 h 2100 s = *215 min*
4. Marie: 200 min 1020 s = *217 min*
5. Lucie: 2 h 96 min = *216 min*
6. Anna: 3,5 h = *210 min*

ZIEL

*Anna* war am schnellsten.



43

## Flächenmaße umwandeln

Geometrie

Wer hat das größte Grundstück? Wandle alles in $m^2$ um.

1. Familie Meier: 20 a = *2000 $m^2$*
2. Familie Huber: 0,2 ha = *2000 $m^2$*
3. Familie Schmid: 2 a 2000 $m^2$ = *2200 $m^2$*
4. Familie Bauer: 2000000 $cm^2$ = *200 $m^2$*
5. Familie Stadler: 22000 $dm^2$ = *220 $m^2$*
6. Familie Gruber: 2000000000 $mm^2$ = *2000 $m^2$*

*Familie Schmid* besitzt das größte Grundstück.



44

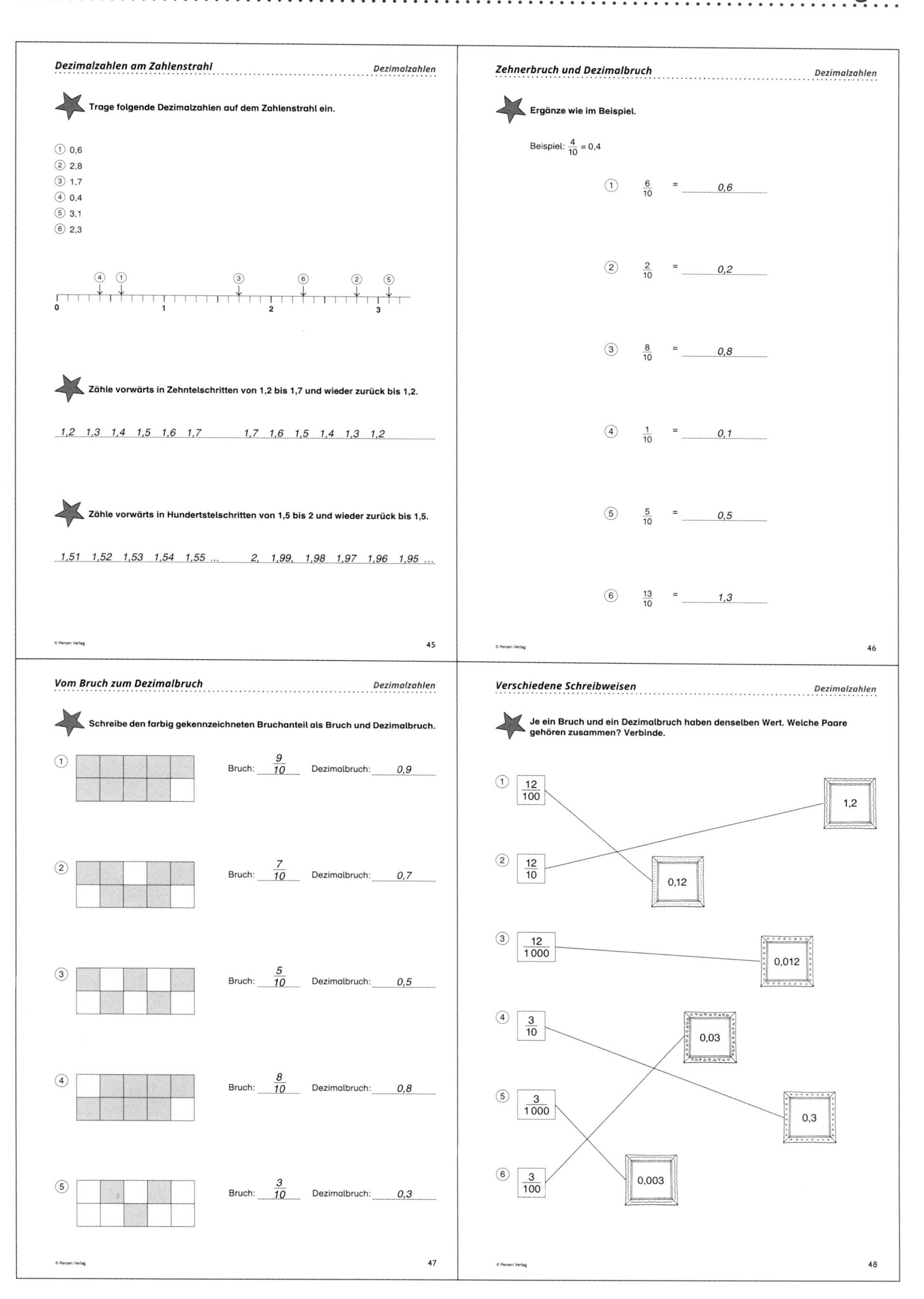

## Dezimalzahlen am Zahlenstrahl
Dezimalzahlen

Trage folgende Dezimalzahlen auf dem Zahlenstrahl ein.

① 0,6
② 2,8
③ 1,7
④ 0,4
⑤ 3,1
⑥ 2,3



Zähle vorwärts in Zehntelschritten von 1,2 bis 1,7 und wieder zurück bis 1,2.

*1,2 1,3 1,4 1,5 1,6 1,7 1,7 1,6 1,5 1,4 1,3 1,2*

Zähle vorwärts in Hundertstelschritten von 1,5 bis 2 und wieder zurück bis 1,5.

*1,51 1,52 1,53 1,54 1,55 ... 2, 1,99, 1,98 1,97 1,96 1,95 ...*

© Persen Verlag 45

## Zehnerbruch und Dezimalbruch
Dezimalzahlen

Ergänze wie im Beispiel.

Beispiel: $\frac{4}{10} = 0{,}4$

① $\frac{6}{10}$ = *0,6*

② $\frac{2}{10}$ = *0,2*

③ $\frac{8}{10}$ = *0,8*

④ $\frac{1}{10}$ = *0,1*

⑤ $\frac{5}{10}$ = *0,5*

⑥ $\frac{13}{10}$ = *1,3*

© Persen Verlag 46

## Vom Bruch zum Dezimalbruch
Dezimalzahlen

Schreibe den farbig gekennzeichneten Bruchanteil als Bruch und Dezimalbruch.

① Bruch: $\frac{9}{10}$ Dezimalbruch: *0,9*

② Bruch: $\frac{7}{10}$ Dezimalbruch: *0,7*

③ Bruch: $\frac{5}{10}$ Dezimalbruch: *0,5*

④ Bruch: $\frac{8}{10}$ Dezimalbruch: *0,8*

⑤ Bruch: $\frac{3}{10}$ Dezimalbruch: *0,3*

© Persen Verlag 47

## Verschiedene Schreibweisen
Dezimalzahlen

Je ein Bruch und ein Dezimalbruch haben denselben Wert. Welche Paare gehören zusammen? Verbinde.

① $\frac{12}{100}$ — 0,12

② $\frac{12}{10}$ — 1,2

③ $\frac{12}{1000}$ — 0,012

④ $\frac{3}{10}$ — 0,3

⑤ $\frac{3}{1000}$ — 0,003

⑥ $\frac{3}{100}$ — 0,03

© Persen Verlag 48

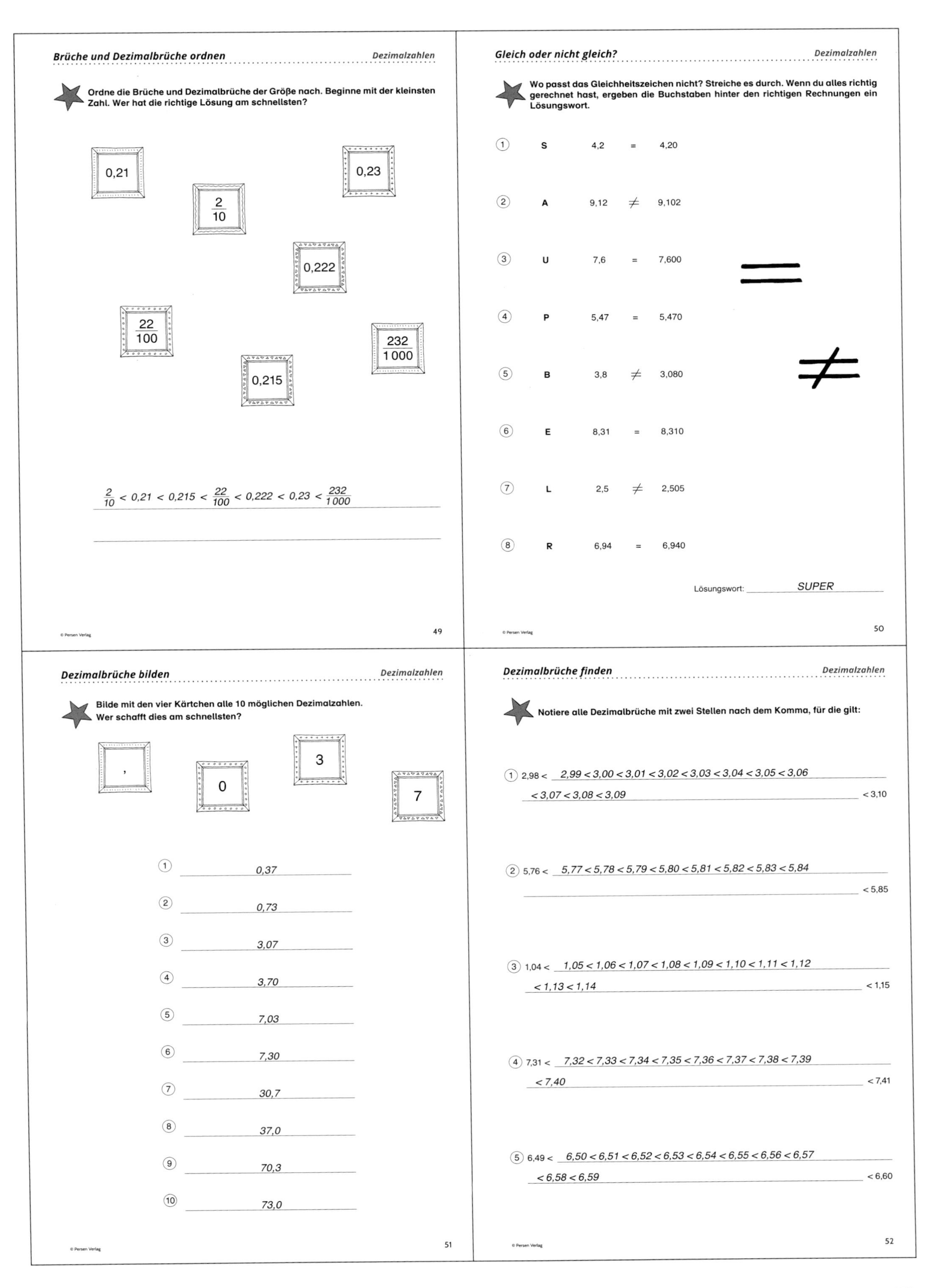

## Brüche und Dezimalbrüche ordnen
*Dezimalzahlen*

Ordne die Brüche und Dezimalbrüche der Größe nach. Beginne mit der kleinsten Zahl. Wer hat die richtige Lösung am schnellsten?

0,21 — $\frac{2}{10}$ — 0,23 — 0,222 — $\frac{22}{100}$ — $\frac{232}{1000}$ — 0,215

$\frac{2}{10} < 0{,}21 < 0{,}215 < \frac{22}{100} < 0{,}222 < 0{,}23 < \frac{232}{1000}$

© Persen Verlag 49

## Gleich oder nicht gleich?
*Dezimalzahlen*

Wo passt das Gleichheitszeichen nicht? Streiche es durch. Wenn du alles richtig gerechnet hast, ergeben die Buchstaben hinter den richtigen Rechnungen ein Lösungswort.

1. S 4,2 = 4,20
2. A 9,12 ≠ 9,102
3. U 7,6 = 7,600
4. P 5,47 = 5,470
5. B 3,8 ≠ 3,080
6. E 8,31 = 8,310
7. L 2,5 ≠ 2,505
8. R 6,94 = 6,940

= ≠

Lösungswort: *SUPER*

© Persen Verlag 50

## Dezimalbrüche bilden
*Dezimalzahlen*

Bilde mit den vier Kärtchen alle 10 möglichen Dezimalzahlen. Wer schafft dies am schnellsten?

, — 0 — 3 — 7

1. 0,37
2. 0,73
3. 3,07
4. 3,70
5. 7,03
6. 7,30
7. 30,7
8. 37,0
9. 70,3
10. 73,0

© Persen Verlag 51

## Dezimalbrüche finden
*Dezimalzahlen*

Notiere alle Dezimalbrüche mit zwei Stellen nach dem Komma, für die gilt:

1. 2,98 < *2,99 < 3,00 < 3,01 < 3,02 < 3,03 < 3,04 < 3,05 < 3,06 < 3,07 < 3,08 < 3,09* < 3,10
2. 5,76 < *5,77 < 5,78 < 5,79 < 5,80 < 5,81 < 5,82 < 5,83 < 5,84* < 5,85
3. 1,04 < *1,05 < 1,06 < 1,07 < 1,08 < 1,09 < 1,10 < 1,11 < 1,12 < 1,13 < 1,14* < 1,15
4. 7,31 < *7,32 < 7,33 < 7,34 < 7,35 < 7,36 < 7,37 < 7,38 < 7,39 < 7,40* < 7,41
5. 6,49 < *6,50 < 6,51 < 6,52 < 6,53 < 6,54 < 6,55 < 6,56 < 6,57 < 6,58 < 6,59* < 6,60

© Persen Verlag 52

### Dezimalbrüche addieren
Dezimalzahlen

Addiere jeweils zwei Dezimalzahlen so, dass du 44,88 als Ergebnis erhältst. Jede Dezimalzahl darf nur einmal verwendet werden.

30,14 | 26,93 | 17,95 | 9,28 | 25,22 | 24,76 | 14,74 | 12,31 | 32,57 | 19,66 | 20,12 | 35,60

1. 30,14 + 14,74 = 44,88
2. 26,93 + 17,95 = 44,88
3. 19,66 + 25,22 = 44,88
4. 35,60 + 9,28 = 44,88
5. 12,31 + 32,57 = 44,88
6. 20,12 + 24,76 = 44,88




### Dezimalzahlen subtrahieren
Dezimalzahlen

Welche Dezimalzahl musst du subtrahieren, damit du 11,22 als Ergebnis erhältst? Jede Dezimalzahl darf nur einmal verwendet werden.

25,93 | 25,23 | 41,58 | 30,36 | 14,71 | 10,41 | 38,49 | 28,03 | 21,63 | 36,45 | 39,25 | 49,71

1. 25,93 – 14,71 = 11,22
2. 41,58 – 30,36 = 11,22
3. 36,45 – 25,23 = 11,22
4. 21,63 – 10,41 = 11,22
5. 49,71 – 38,49 = 11,22
6. 39,25 – 28,03 = 11,22




### Dezimalbrüche addieren und subtrahieren
Dezimalzahlen

Die Schnecke frisst im Uhrzeigersinn die Blätter ab. Wenn du alle Aufgaben richtig gelöst hast, erhältst du die Reaktion des Gärtners.

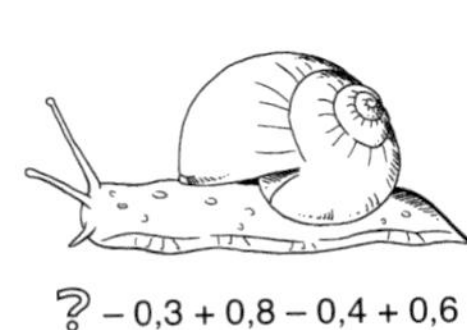

? – 0,3 + 0,8 – 0,4 + 0,6

S 3 | E 2,2 | H 4,1 | A 4,8 | C 2,6 | D 3,4

1. 2,3 – 0,3 + 0,8 – 0,4 + 0,6 = 3
2. 1,9 – 0,3 + 0,8 – 0,4 + 0,6 = 2,6
3. 3,4 – 0,3 + 0,8 – 0,4 + 0,6 = 4,1
4. 4,1 – 0,3 + 0,8 – 0,4 + 0,6 = 4,8
5. 2,7 – 0,3 + 0,8 – 0,4 + 0,6 = 3,4
6. 1,5 – 0,3 + 0,8 – 0,4 + 0,6 = 2,2

Die Reaktion des Gärtners war:

| 1 | 2 | 3 | 4 | 5 | 6 |
|---|---|---|---|---|---|
| S | C | H | A | D | E |




### Aufgaben erfinden
Dezimalzahlen

Überlege dir je eine Additions- und Subtraktionsaufgabe, die die angegebene Dezimalzahl als Ergebnis hat.

Beispiel: 5,8 = 3,4 + 2,4   5,8 = 8,9 – 3,1

*Lösungsbeispiele:*

1. 4,7 = 1,2 + 3,5   4,7 = 8,4 – 3,7
2. 6,4 = 5,9 + 0,5   6,4 = 9,8 – 3,4
3. 3,9 = 1,4 + 2,5   3,9 = 5,3 – 1,4
4. 7,2 = 5,8 + 1,4   7,2 = 9,4 – 2,2
5. 5,6 = 3,8 + 1,8   5,6 = 7,1 – 1,5
6. 8,3 = 3,9 + 4,4   8,3 = 10,7 – 2,4

**Preise berechnen** — *Dezimalzahlen*

**Mia, Eva, Max und Tom wollen sich aus Holzleisten Namensschilder basteln. Was kostet das Namensschild für jeden, wenn die Stückpreise für die Holzleisten wie folgt sind?**

| | / | – und – |
|---|---|---|
| 0,75 € | 0,79 € | 0,29 € |

MIA $3 \cdot 0{,}75\ € + 4 \cdot 0{,}79\ € + 1 \cdot 0{,}29\ € = 5{,}70\ €$

EVA $1 \cdot 0{,}75\ € + 4 \cdot 0{,}79\ € + 4 \cdot 0{,}29\ € = 5{,}07\ €$

UWE $5 \cdot 0{,}75\ € + 2 \cdot 0{,}79\ € + 4 \cdot 0{,}29\ € = 6{,}49\ €$

TOM $5 \cdot 0{,}75\ € + 2 \cdot 0{,}79\ € + 3 \cdot 0{,}29\ € = 6{,}20\ €$

**Dezimalzahlen multiplizieren** — *Dezimalzahlen*

**Multipliziere die Dezimalzahlen. Male die Luftballons mit den richtigen Ergebnissen farbig an. Vier Ballons bleiben weiß.**

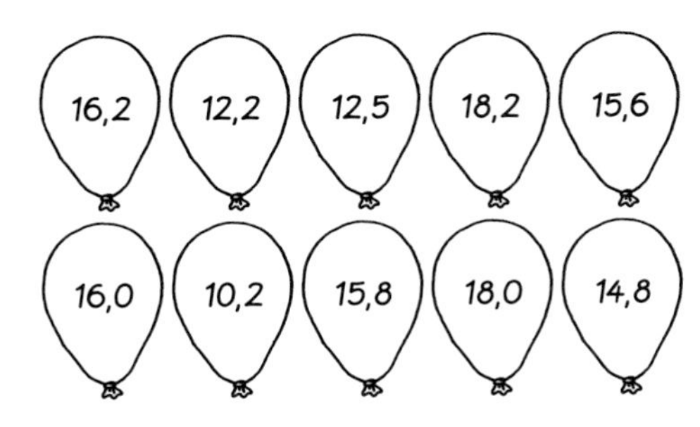


① $8{,}1 \cdot 2$ = 16,2

② $3{,}4 \cdot 3$ = 10,2

③ $2{,}5 \cdot 5$ = 12,5

④ $1{,}6 \cdot 10$ = 16

⑤ $7{,}4 \cdot 2$ = 14,8

⑥ $3{,}9 \cdot 4$ = 15,6





**Dezimalzahlen dividieren** — *Dezimalzahlen*

**Dividiere die Dezimalzahlen. Wenn du alle Aufgaben richtig gelöst hast, erhältst du ein Lösungswort.**

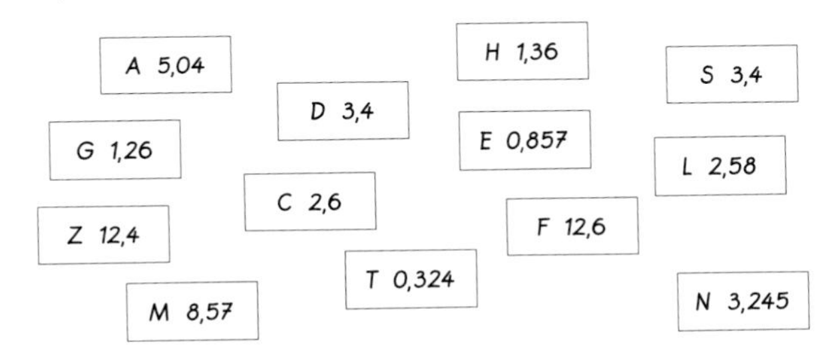


① $24{,}8 : 2$ = 12,4

② $25{,}2 : 5$ = 5,04

③ $13{,}6 : 10$ = 1,36

④ $10{,}32 : 4$ = 2,58

⑤ $8{,}57 : 10$ = 0,857

⑥ $6{,}49 : 2$ = 3,245

Lösungswort:

| 1 | 2 | 3 | 4 | 5 | 6 |
|---|---|---|---|---|---|
| Z | A | H | L | E | N |





**Hürdenlauf mit Dezimalzahlen** — *Dezimalzahlen*

**Welche Zahl muss im Zielfeld stehen? Berechne und notiere.**

①

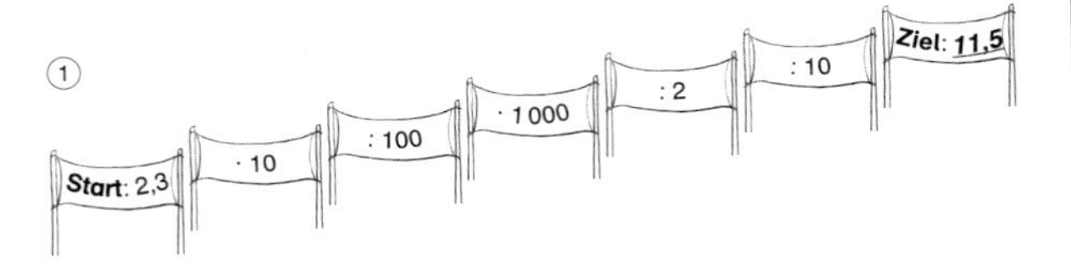


②

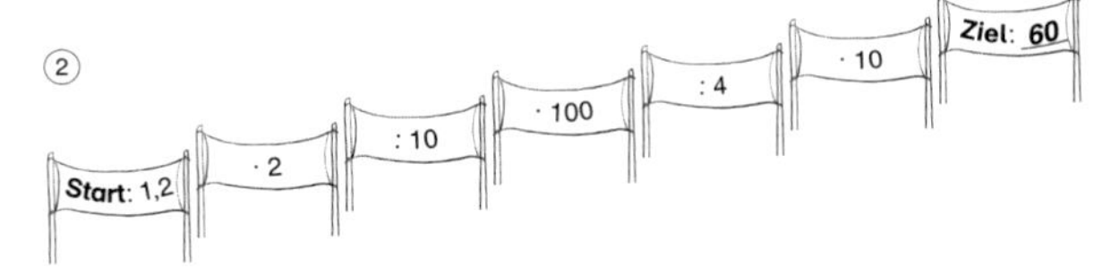


③

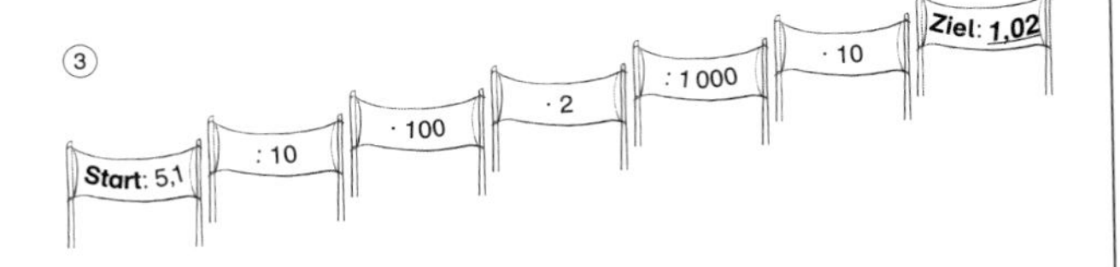


④

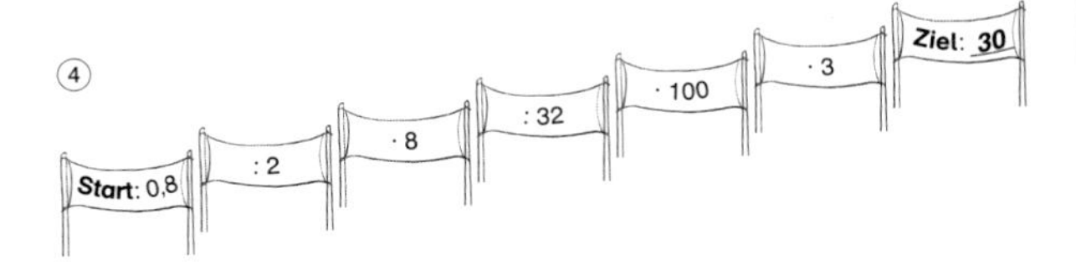

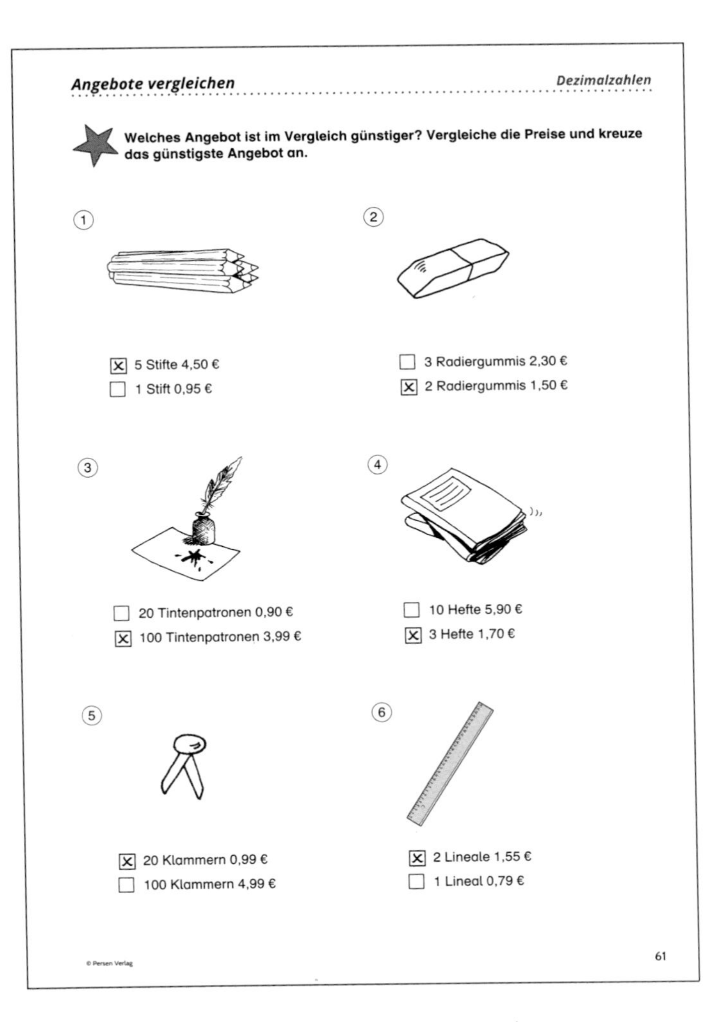
Angebote vergleichen

Dezimalzahlen

Welches Angebot ist im Vergleich günstiger? Vergleiche die Preise und kreuze das günstigste Angebot an.

① 
[x] 5 Stifte 4,50 €
[ ] 1 Stift 0,95 €

② 
[ ] 3 Radiergummis 2,30 €
[x] 2 Radiergummis 1,50 €

③ 
[ ] 20 Tintenpatronen 0,90 €
[x] 100 Tintenpatronen 3,99 €

④ 
[ ] 10 Hefte 5,90 €
[x] 3 Hefte 1,70 €

⑤ 
[x] 20 Klammern 0,99 €
[ ] 100 Klammern 4,99 €

⑥ 
[x] 2 Lineale 1,55 €
[ ] 1 Lineal 0,79 €

© Persen Verlag

61

sämtliche Rahmen: Julia Flasche

S. 17 Lineal: Katharina Reichert-Scarborough

S. 35 Körper (Kegel, Pyramide, Quader, Würfel, Zylinder): Oliver Wetterauer

S. 41 Weitsprung: Roman Lechner

S. 42 Leopard: Barbara Gerth

S. 42 Tiger: Rebecca Meyer

S. 43 Zielfahne: Mele Brink

S. 43 Stoppuhr: Julia Flasche

S. 44 Haus: Barbara Gerth

S. 50 Gleichheits- und Ungleichheitszeichen: Fides Friedeberg

S. 55 Blatt (kleine Zacken): Barbara Gerth, Blatt (große Zacken): Stefan Lucas

S. 55 Schnecke: Katharina Reichert-Scarborough

S. 57 Geld: Mele Brink

S. 58 Luftballon: Barbara Gerth

S. 61 Stifte: Jennifer Spry, Radiergummi: Marion El-Khalafawi, Tintenfass und Lineal: Katharina Reichert-Scarborough, Hefte: Theresia Koppers, Klammer: Alexandra Hanneforth

Bei Illustrationen, die mehrfach verwendet wurden, wird hier lediglich die Seite angegeben, auf der die Illustration zum ersten Mal vorkommt.